U0153691

▸ 50則非知不可的數位科技概念

50 Digital Ideas

you really need to know

湯姆・查特菲德（Tom Chatfield）★ 著

荷莉 ★ 譯

目錄

序

本書的主題：數位（digital）是什麼意思？在某種意義上，所謂「數位」只是一串1與0的數字組合而已。數位內容是一種二進位模式，與這個以類比為常態的世界，甚至跟早期的計算機都相當不同。如此簡單的設計，卻孕育了20世紀下半直至現今一連串驚天動地的文化革命。也許數位內容最顯著的特性是它們的兼容性，無論它們的1和0是對應文字、音樂、圖像、應用程式、網路瀏覽器，或是包含絕大部分人類知識的資料庫，皆能進行編碼。

史上第一次，人類幾乎可以無休止地複製和傳播文字、聲音、圖像或想法，並且可以在同一個裝置上存取、調整和創建所有東西。數位科技的歷史可以追溯到20世紀之前，包含了上千年的數學發展，以及在上個世紀電子和計算領域發展之前，就已經持續了幾百年的精妙機械設計的故事。

然而，我選擇在這裡關注較近的幾十年，以及數位時代中，可能最能影響我們未來的那些方面。因此，本書實為一本圍繞網際網路（internet）所寫的書。

當筆者寫下這些話的2011年，全球大約有20億人——幾乎佔全人類的三分之一，或總成年人口的一半——可用某種方式存取網際網路。感謝行動網路的普及，這數字將在未來十年繼續飆升，而線上服務的發展也將重新定義成為現代社會一分子的意義。

然而，數位科技的發展並不全是帶來好消息：成長、質變和自由並不是理所當然的。事實上，世上許多數位公民都沒有享受到這些權力。網際網路在世上許多高壓和審查嚴格的政權手中是一股強大的力量，就像在那些利用它來解放、教育、溝通和娛樂的人手中一樣。

同樣的，數位園地也孕育出人類最好和最壞的一面：騙子和無私的人；大娛樂家和酸民；企業家和掠奪者。但正因如此，了解數位科技的歷史、結構、潛力和可能的未來，將益發重要。

01 網際網路

網際網路與其說是一種技術，不如說是一種基礎設施：大量相互連線的硬體和軟體——從深海電纜及電話線，到桌上型電腦和手機——連接著越來越龐大的計算設備。許多服務都透過網際網路運行，其中包含眾所皆知的全球資訊網（world wide web, WWW）。但網際網路本身的建設比其內容更早開始。它是一個龐大的實體網路，而現代數位文化即於其中流淌。

網際網路（internet）的歷史可以追溯到冷戰時期。美國在 1957 年，俄羅斯發射人造衛星史波尼克號（Sputnik，有史以來第一個繞地球軌道運行的人造物體）之後，投入大量資源開發新的通信技術，特別是建置出即使被災難破壞了大部分實體網路的情況下，尚能正常運行的通信網路。

這項早期研究在 1968 年題為「資源共享計算機網路」（Resource Sharing Computer Networks）的報告中迎來高潮，此報告是第一個以封包交換（pocket switching）系統為基礎的計算機網路，電腦之間傳輸的所有數據都被分解成小塊的封包。運用此技術所構建的第一個計算機網路被稱為 ARPANET（高等研究計畫署網路，Advanced Research Projects Agency Network），並於 1969 年開始營運，最初連接了加州大學洛杉磯分校、史丹佛大學研究所、加州大學聖塔芭芭拉分校和猶他大學等四個站點。

ARPANET 發展迅速。到 1970 年，它已連線到美國東岸。1971

時間線

1969	1974	1982
美國國防部創建 ARPANET	網際網路一詞首次被使用	ARPANET 全改用傳輸控制協定（TCP）和網際網路協定（IP）

年，史上第一封電子郵件透過 ARPANET 發送。到 1973 年 9 月，全美國已有 40 台電腦連線到網路，此時，在電腦之間傳輸電腦文件的第一種方法——檔案傳輸協定（File Transfer Protocol, FTP）——業已運行。

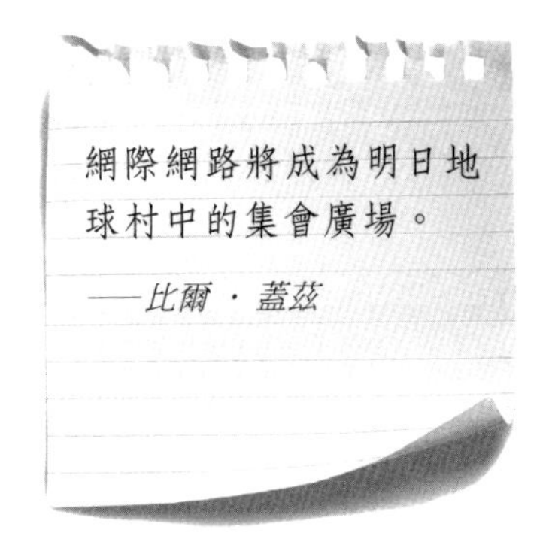

1974 年 12 月，「網際網路」這一名詞在瑟夫（Vinton Cerf）、達拉爾（Yogen Dalal）和桑尚恩（Carl Sunshine）的論文中，首次被用作網際連線作業網路（internetworking）一詞的縮寫。它指的是一個革命性的想法：一個全球通信超網路，由分散的多個電腦網路所組合而成，這些網路使用相同的協定來共享訊息封包。這種「建立在網路上的網路」理念，或許正是現代網際網路理念的核心。

協定

在 1974 年的論文中，瑟夫、達拉爾和桑尚恩提出了兩個對網際網路未來至關重要的想法：網際網路協定（Internet Protocol, IP）和傳輸控制協定（Transmission Control Protocol, TCP）。這些協定解釋了將數據分解成封包，並在電腦之間發送的精確方式。任何使用這些協定的電腦——通常縮寫為 TCP/IP——理論上應該能夠與任何用相同協定的其他電腦進行通訊。網際網路協定定義了數據如何傳輸至連接特定位置的電腦的路徑（即 IP 位址），而傳輸控制協定則確保封包以可靠、有秩序的方式發送。

在接下來的十年中，衆人做了大量努力以讓更多不同類型的裝置可以使用 TCP/IP 成功地相互連接。此工作在 1983 年迎來高峰，ARPANET 系統上的所有電腦都已使用 TCP/IP 來取代舊的交換系統。1985 年，美國國家科學基金會委託建立自己的計算機網路，旨在使

1985
美國國家科學基金會委託架設基礎網路

1990
第一次商業性質的網際網路連線

1991
全球資訊網問世

IPv6 位址協定

自 1981 年以來，每個連線到網際網路的電腦設備，都透過第四版網際網路協定系統（the fourth version of the Internet Protocol，簡稱 IPv4）爲其分配了唯一的位址。然而直至今日，因網際網路使用者數目的驚人成長，意味著 IPv4 的數量已經不夠了。IPv4 僅能支援 4,294,967,296 個唯一的位址，是 32 位元的最大容量。最新的第六版網際網路協定（IPv6）使用 128 位元，允許位址數量是第四版的 10 億倍以上。將網際網路整個切換成新協定是一個巨大的挑戰，尤其是對於舊的硬體設備，目前正在分幾個階段執行和測試。但這任務迫在眉睫，因爲 IPv4 已在 2011 年發生位址耗盡。

譯註：目前採用回收已關閉公司的位址，以及與 IPv4 與 IPv6 並行的模式

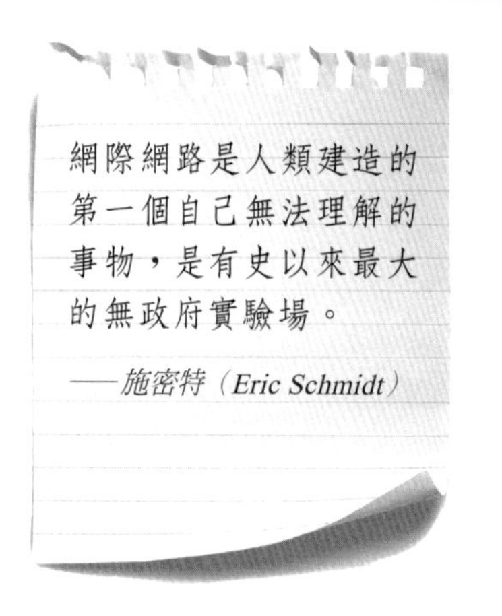

TCP/IP 在美國大學中運行，並於 1988 年開放了該網路，允許其它新建立的計算機網路連接上它。TCP/IP 協定使不同類型的電腦和網路可以輕鬆連接在一起，而到了 1980 年代後期，出現了第一批商業性質的網際網路服務提供商（Internet Service Providers, ISP），爲公司和個人提供網路存取。

成長

到 1990 年代初，世界上大部分地區（以大學和研究機構爲首）已經獨立開始使用基於 TCP/IP 協定的計算機網路，這使得這些網路非常容易相互連接、共享檔案和數據，並發送電子郵件。然而，直到 1989 年，柏納茲－李發明了全球資訊網之後，一般電腦使用者才眞正可以使用網路。到 1990 至 2000 年的十年間，透過網際網路連線的人數平均每年增加一倍以上，這一速度在接下來的十年中略有下降。據估計，到 2010 年底，大約有 20 億人（幾乎佔全球人口的三分之一）連上網路。

下一章，我們將更詳細地解釋全球資訊網。隨著它的到來，以及網站和瀏覽器技術的迅速普及，網際網路開始發揮今天大多數人所熟知的功用：眞正的全球化連線，透過日益廣泛的電子設備連接不同國家和每

管理網路的機構

網際網路名稱與數位位址分配機構（Internet Corporation for Assigned Names and Numbers, ICANN）於 1998 年成立於美國，是監管網際網路未來最重要的組織。它的主要職責是管理網際網路協定位址空間，確保為每個使用網際網路的網站和服務去分配及管理唯一位址。它還為世界各國分配位址區和所謂的頂級域（top-level domains），把「uk」結尾的網站分配給英國網站，或將「au」分配給澳洲網站，將「.com」給企業等。ICANN 是一個非營利組織，必須平衡全球各地的需求，同時努力保持連貫、有凝聚力的網際網路結構。由於網路日益國際化，這是一項相當大的挑戰。

個使用者。但網際網路並非理所當然的自然發展，它仍賴以國家和個人之間的持續合作，同時必須持續進行基礎建設和硬體升級——即電纜和伺服器——以處理越來越龐大的資訊交換，不僅是文字，還有影像、圖像、聲音和複雜的應用程式。

濃縮想法
網際網路連接一切

02 全球資訊網

儘管很多人將它們視為相同的，但其實全球資訊網與網際網路並不是同一回事。全球資訊網只是利用網際網路的眾多服務之一，還有其他如檔案共享、線上遊戲、影像聊天或電子郵件等許多的服務。然而，全球資訊網可能是現代數位文化中最重要的單一服務，因為全球資訊網建置的核心理念，是讓任何連上網際網路的人都要能自由瀏覽任何網頁，以及根據需要創建自己的一個。從這個意義上說，它既是一種技術，也是一套原則。

全球資訊網的想法誕生於 1989 年，由英國工程師和計算機科學家柏納茲一李（Tim Berners-Lee）在一篇研究論文中提出。柏納茲一李在其中概述了他的「通用資訊連結系統」的概念，此系統將允許為任何人們認為重要的資訊或參考資料找到一個存放的地方。該系統將透過網際網路的既定結構運行——但柏納茲一李構想中的關鍵字是「通用」和「連結」。任何人都要能在他的系統上創建資訊，而這些資訊的創建格式必須讓每個人都可以找到、使用它們，並在這些資訊間流暢的移動。

到 1990 年 12 月，柏納茲一李在他的比利時同事卡利奧（Robert Cailliau）的協助下，在他們的工作地點——位於瑞士日內瓦的歐洲核子研究中心（CERN）物理研究所中，組合了所有必要的元件，以實現他的想法的完整功能。這件工作涉及三個必要架構：世界上第一個網頁（以便有資料可以看）；第一個瀏覽器程式，允許使用者從自己的電腦終端上查看此頁面上的資料；以及第一個網路伺服器主機，將網頁託管在其上。

時間線

1989
柏納茲一李首次提出全球資訊網

1990
全球資訊網的最早版本

第一個網站

「世上第一部電話的主人該打給誰？」這樣的老笑話並不全適用於全球資訊網，但蠻接近的。恰如其分，史上第一個網頁——由柏納茲－李於 1990 年 12 月創建——只是幾個頁面的連結文本，描述了「全球資訊網是什麼？」的全部內容。它還擁有世界上第一個網址：http://nxoc01.cern.ch/hypertext/www/theproject.html。它闡明，全球資訊網是「將訊息檢索技術和超文本技術結合起來，形成簡單而強大的全球資訊系統」。現在，我們仍然可以透過全球資訊網聯盟的當前網站 www.w3.org 查看原始站點的一個版本。

伺服器主機的功能有點像數位布告欄，資訊頁面被張貼在主機上，而後，任何擁有瀏覽器程式的使用者只需連線到這台主機，便可查看布告欄上的頁面。網頁本身保留在伺服器主機上，向所有人展示，可同時讓許多使用者都瀏覽頁面。

即使是保守估計，現有網頁的數量也超過一兆個，但儘管現今搜尋引擎如此強大，其中大部分網頁根本無法被找到，但仍有數十億個網頁正在被使用和觀看著，任何擁有電腦及瀏覽器的人都能瀏覽它們。這是柏納茲－李最初的願景，以及他於 1994 年，為維護整個網路的通用和開放標準所成立的全球資訊網聯盟（World Wide Web Consortium），持續堅定努力至今的驚人證明。

超文本

HTML，或稱為超文本標記語言（HyperText Markup Language），是建構全球資訊網上每個網頁的規範集。顧名思義，它就像傳統寫作的加強版。這就是為什麼今天每個網址都以 http 開頭的原因：它們代表超文本傳輸協定（HyperText Transfer Protocol），指的是允許在電腦之間以超文本形式交換資訊的系統。

1991
全球資訊網可透過網際網路公開使用

1994
全球資訊網聯盟（W3C）成立

柏納茲—李：數位人生

柏納茲—李因其成就而於 2004 年被封爲爵士，今天，他被尊爲全球資訊網之父。然而，也許比他的聰明才智更引人注目的是，他對體現在創作中的自由普遍性原則的守護。他於 1955 年 6 月出生於倫敦，在從事電信、軟體工程和技術設計之前，在牛津大學學習物理學，並於 1984 年成爲瑞士歐洲核子研究中心的研究員，於 1989 年首次構築了全球資訊網。1994 年，柏納茲—李創立全球資訊網聯盟，致力於確保網路的持續開放性及維護其通用標準。他並沒有透過限制其發明的使用權中獲利，而仍然是大力倡導開源、透明地使用資訊的學者之一，並提倡在 21 世紀保持網路的發展，使其成爲更巨大的力量以連結和創造知識。

將文本以文字印刷在書頁上，就是傳統意義的文本。當這些文本資訊在電腦中，以少量標籤進行標記時，它們就變成了超文本。每個標籤都標註了關於此文本的一些特別資訊，告訴任何瀏覽器這些文本該如何呈現，或它應該連接到網路上的哪些頁面，及哪些位置等。

在 HTML 的第一版中，雖只有 20 種基本標籤可以標記，但也許其中建立的最關鍵想法是，使每個頁面都有自己唯一的基本位址，然後可用相對於當前文件位址的格式，指定其他相關頁面的位址。實務上，透過告訴瀏覽器在一個頁面的唯一位址和在另一個頁面之間創建連結，可以利用簡單標籤過去。今天，大多數使用者永遠不會看到一行實際的 HTML，但即使在最新版中，它仍然是所有網站的基礎架構。

網頁瀏覽器

瀏覽器（browser）是使用者連接網路的專用程式。今天，有許多不同的瀏覽器可供使用，包括 Internet Explorer、Firefox、Chrome 和 Safari 等知名品牌。全球資訊網的天才創意之一是，任何瀏覽器都能給予任何使用者存取大部分網站的權限。瀏覽器允許使用者透過點擊連結或輸入特定位址，在不同的網站和網頁之間瀏覽。最早的瀏覽器原本就被稱爲 World Wide Web，後來才改名爲納克索斯（Nexus）。它僅能讓使用者查看不同的網頁並在其間移動。多年來，瀏覽器中內建了許多更複雜的功能，允許透過網站實現益加複雜的效果：從使用複雜樣式表（complicated style sheets, CSS）到今天在網頁中串流傳輸聲音和影像，甚至連網頁遊戲等複雜的互動應用程式，都可以完全在瀏覽器上執行。

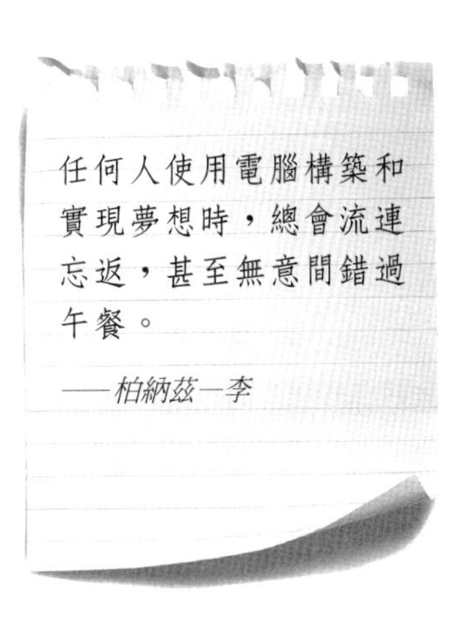

伺服器

任何擁有連結位址和瀏覽器的人都可以查看網頁，但組成網頁的程式碼需要實際儲存在某個實體電腦上才能運作。使網站在其上運作的電腦稱爲網路伺服器（web servers），負責透過網際網路將網站內容傳送給瀏覽器的使用者。

這代表，當使用者輸入了網頁位址時，伺服器實際上提供了一組網頁的副本給使用者。如果兩個人同時瀏覽這個網頁，就只需爲每個人提供一份副本即可，就算有幾百、幾千，甚至數百萬人要同時觀看也是如此。當然，此前提是伺服器要足夠強大以跟上大量需求。

頁面越複雜或者想要查看它的人越多，託管它的伺服器就需要越強大。以世界上存取量最大的網站，谷歌（Google）的首頁爲例，伺服器需要授予每個人存取該網站的權限，並處理他們鍵入的搜尋字串，這需要成千上萬台機器共同運作，以爲上億使用者的要求提供服務。

濃縮想法
全球資訊網是開放及通用的

03 網路服務供應商

網際網路服務供應商（ISP）是數位文化的支柱，為個人或公司提供連線並收取費用。在網際網路的早期，全球資訊網出現之前，ISP 將網路這個嶄新而難以應用的技術帶給大眾。即使在更親民的全球資訊網起飛之後，ISP 仍然是主導力量，控制著數百萬網際網路使用者的電子郵件和線上體驗。今天，它們的扮演角色不再那麼容易被察覺，但仍然控制著世界上大部分線上服務，並且在任何關於網路未來方向的討論中，都是強大的參與者。

第一批網際網路服務供應商於 1980 年代後期開始出現，但彼時他們並非提供早期網際網路的存取權。現今網際網路的直接祖先，NSFNET 和 ARPANET，那時仍被保留供高等教育機構和國防相關承包商使用。因此，美國公司 UUNET（成立於 1987 年）和 Netcom（成立於 1988 年）等，開始向付費客戶提供上網服務，是基於非正式的 Unix-to-Unix Copy（UUCP）網路系統：一種允許電腦與電腦之間交換新聞和郵件等資訊的系統。

這時，全球資訊網甚至還不存在，支付網路使用費主要是用在發送和接收電子郵件，並參與如 Usenet（一個有影響力的早期數位文章和創意社群）等網路論壇。在此之前，主流機構以外的數位文化依賴於存取電子布告欄（Bulletin Board Systems, BBS），透過電話線直接使用調製解調器（modem）撥接上網。BBS 的使用者數量繼續增長，直到 1990 年代中，網路內容範圍的擴大和全球資訊網的發展最終超越了它們。

時間線

1987	1992
有限的公共付費網際網路連線	首次可付費進行完整的網路連線

上網能多快？

網際網路連線中最令人困擾和潛在爭議的領域之一是速度：ISP 提供的連線下載和上傳數據的速度有多快；以及它在需求尖峰時段如何應對線上流量的增加？

例如，在英國，透過電話網路提供的 ADSL 寬頻理論最大下載速率爲 8 Mbps。但其實很少達到這個數字，更常見的傳輸速率範圍從 4 到低至 1 Mbps。一些國家，如韓國，在專用電纜上投入巨資，提供比其他國家快得多的國家寬頻網路。那裡的 ISP 能夠提供平均約 12 Mbps 的速度，而日本約 8 Mbps ，英國的平均速度略低於 4 Mbps。預計未來十年，速度將大幅提高，但由於線上影音串流的數量和品質不斷提升，普通網際網路使用者傳輸的數據量也會增加。爲了滿足需求並保持速度，許多 ISP 認爲，在商業部門努力跟上步伐的同時，亦需要世界各地政府的大量投資。

在 1980 年代後期，UUNET 提供商業上網的服務，被證明是擴展網路系統和容量的有用收入來源，但圍繞 NSFNET 和 ARPANET 系統的商業開放則存在許多爭論。最終，在 1992 年，國會投票允許在 NSFNET 上商業營運。這標誌著正式的商業化網際網路的誕生，在此之前，它主要是一個非營利性的學術工具。

第一次完整存取

從 1992 年開始，ISP 就能夠出售以撥接（dial-up）連上網際網路的存取權。之所以稱爲撥接，是因爲與 BBS 系統一樣，透過一般電話線連線到網際網路。線路的一端連線到家用電腦的調製解調器，另一端連線到供應商所屬的電腦上的接收系統。

1992 年 8 月，The World 是第一家提供完整撥接上網服務的公司，該公司從 1989 年開始提供對 UUNET 的撥接上網。其他公司也緊隨其

1996
創造了寬頻一詞

2002
美國線上的使用者達到高峰

美國線上

美國線上（America Online, AOL）是商用網際網路早期最令人印象深刻的成功案例之一。從 1980 年代後期開始，AOL 提供了早期圍牆花園（walled garden）網際網路服務中第一個，也是最具吸引力的服務之一。以小時計費（在 1996 年成為月費制）的使用者可以存取公司內部網路上的聊天室、遊戲、電子郵件、即時通訊服務和其他專屬內容。該服務對使用者非常友善且營銷良好，並在 1990 年代獲得了大量使用者，到 2002 年，達到約 3,500 萬使用者。但是，在 2000 年後，在更安全且可控的網路服務模式持續擴展，以及免費線上服務激增的影響下，到 2011 年初，AOL 只剩下大約 400 萬使用者。目前該公司正致力於轉型為內容取向的商業模式，例如以超過 3 億美元的價格購買了全球閱讀量最大的部落格，赫芬頓郵報（Huffington Post）。

後，並於 1993 年推出了第一個適用於全球資訊網的圖形化瀏覽器，全球上網流量開始爆量增長。

1996 年，一個稱為寬頻（broadband）的新名詞，在美國供應商 MediaOne 的廣告活動中佔據醒目位置。該名詞沒有嚴格的技術規範，只用於表示 MediaOne 能夠透過其纜線調製解調器（Cable modem）提供更快速的網際網路連線速度：透過有線電視的基礎設施運行，能達到更快的連線速度。1990 年初，纜線調製解調器的使用一直有限，但直到接近 2000 年時，寬頻上網的概念才真正開始興起，並成為供應商的主要市場領域。

ADSL 出現

在 1990 年代的尾聲，第二種寬頻技術開始成為使用者可負擔的選項：非對稱數位式使用者線路（Asymmetric Digital Subscriber Line，或 ADSL）。該技術自 1980 年代末就已存在，但由於涉及複雜的數位信號處理，能在一般電話線上以遠高於普通撥接的連線速度發送資訊，因此早期成本極其昂貴。

這些新發展都意味著，上網的定價模式正逐漸轉變，從以分計費到為永久連網的寬頻上網支付固定月費。ISP 本身為他們服務給客戶的網際網路服務付費——通常來自更大的 ISP，可以存取網際網路的更大領域。最終，這筆錢將用於資助網際網路本身的基礎結構，在維護高容量線路的眾多私營公司（爲網際網路基礎設施的骨幹）以及區域網路、財團之間分配，形成了廣泛分布的現代網際網路。

今天，連線到網際網路的方式更多樣化且更強大，並越來越普遍：從高速電纜，更先進的 ADSL 編碼形式，以及高速無線網路。對於 ISP 來說，他們的任務是爲數量迅速增長的使用者提供可靠的網際網路連線，與此同時，數據密集型服務的使用量遽增，面對這種情況，未來服務商將在保持利潤和兼顧服務品質之間，面臨著許多挑戰。一些公司正在嘗試由廣告支撐的新商業模式，而另一些則試圖透過對某些類型的流量進行優先排序來獲益——這是網路中立性（net neutrality）辯論中的一個關鍵問題，我們將在本書的後半進行討論。

濃縮想法

控制網際網路連線的人擁有巨大的權力

04 電子郵件

電子郵件——在電腦之間發送基於純文字的訊息——是所有數位浪潮中第一個，也是最基本的思想之一。事實上，它比網際網路和全球資訊網的存在還早，幾乎可以追溯到源頭，從一台電腦與另一台電腦連線的時期。幾乎在連接電腦終端的想法成為可能的同時，人們便著手開始了一件推動了數千年文明發展的起手式：相互交流。

在電腦發展的早期，電腦本身既龐大又昂貴，通常一台大型主機會連線多個終端（terminal），許多人可以透過這些終端使用單一中央處理器。從 1961 年起，麻省理工學院（MIT）就開始使用一台名為 IBM 7090 的早期大型電腦。這台電腦擁有當時最先進的作業系統，允許多個使用者從不同的終端登錄電腦，並將文件傳輸到主機的中央磁碟上。

大家逐漸發現，這種將文件傳輸到中央磁碟的能力，代表該作業系統實際上可以像郵箱一樣使用。例如，你可以在文件中寫入一條訊息，然後將其上傳到主機的中央磁碟，文件名稱可以取名為「給小強」這樣的形式，就像寄一封寄給特定人的信一樣。然後，小強會從另一個終端登入，搜尋主機的中央磁碟，看到「給小強」的文件名稱，而小強會打開它來閱讀留給他的訊息。

到 1965 年，此系統得到了廣泛應用，以至於開發者在作業系統上創建了一個特定的「郵件」指令。這有效地將已建立的郵件歷程自動化，任何使用者現在都可以向其他特定使用者發送訊息，而包含此訊息的文件將放置在主磁碟上的特定「郵箱」位置。你只需要知道識別特定

時間線

1965	1971
首次引入「郵件」指令	首次使用 @ 符號

使用者的專屬編號，就可以向他們發送訊息。這將在他們下次登錄終端時，透過訊息「您有新郵件」來指示。

@ 的面世

電子郵件的下一個重大發展是 1969 年，在麻省理工學院創建的際網路前身 —— ARPANET，其快速擴展增加了大量電子郵件的使用，並開始在郵寄過程中產生進一步的創新。1971 年，現在標準的 @ 符號（也稱爲 at 符號）首次用於表示發送或接收郵件的人所在的特定位址，這一創新構成了由程式設計師湯林森（Ray Tomlinson）所實現的新電子郵件系統。湯林森的系統是第一個能在不同主機之間發送訊息的系統，而不是只能在同一台大型電腦上的不同使用者之間發送訊息而已。以現代意義來說，它標誌著第一個眞正的電子郵件系統。

第二年，也就是 1972 年，網際網路的創始人之一羅伯茲（Larry Roberts，曾領導 ARPANET 的發展），設計了第一個完全可操作的電子郵件管理程式，能夠自動閱讀、回覆、歸檔和管理電子郵件。許多其他電子郵件管理程式迅速跟進，但每個程式在其執行的核心功能上都保

世界各地的 @

在電子郵件中登場之前，@ 符號是一個模糊的會計符號，用於表示會計中的定價水平。而從 1971 年之後，它就成爲了世界上使用最廣泛的符號之一，並在不同語言中匯集了令人眼花繚亂、豐富多彩的各種不同形容詞。雖然在英語中它被簡單地稱爲「at」，但其他國家則更具詩意。在義大利語中被稱爲 chiocciola（蝸牛），因爲它的形狀很像蝸牛，而芬蘭語中認爲它看起來更像一隻蜷縮的貓（miukumauku）。俄羅斯人覺得它更像狗（sobaka），華人有時稱它爲小老鼠。但也許最有趣的是德國人的解釋：Klammeraffe —— 蜘蛛猴。

1972 首個電子郵件軟體出現

1995 全球第一封網頁郵件

持基本同調。

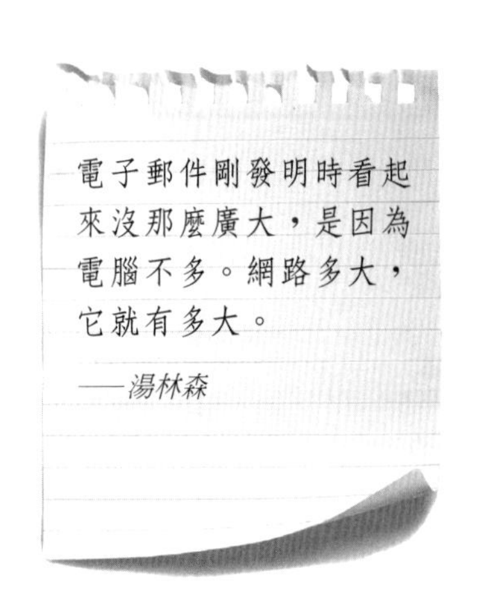

電子郵件軟體

電子郵件發送時，它不會直接寄到個人的電腦，而是寄到爲使用者提供特定電子郵件服務的線上郵件伺服器。如果您使用的是可以處理電子郵件的軟體，例如微軟的 Outlook，該軟體將透過網際網路登錄郵件伺服器以尋找新郵件，並將任何新郵件的副本下載到你的電腦。

現在，很多人使用的是網路郵件（webmail）而不是軟體客戶端（client），他們透過瀏覽器存取他們的郵件伺服器。網路郵件程式於 1995 年首次被展示，它提供了能夠在可以存取網際網路和全球資訊網的瀏覽器的任何地方發送、接收和閱讀郵件的便利性。當今流行的網路郵件提供者包括谷歌的 Gmail、微軟的 Hotmail 和雅虎的 Yahoo! Mail。

對於同時閱覽網路郵件和一般郵件的使用者，有兩種主要現代協定以從郵件伺服器獲取訊息：郵件協定（Post Office Protocol, POP）和

電子郵件軟體

許多功能現在被認爲是所有電子郵件程式必不可少的。最重要的是能夠發送和接收附件檔案（文檔、照片、資料庫等）。用於管理聯絡人詳細資訊的地址簿功能也幾乎是必要的，就像將訊息的副本（cc）或密件副本（bcc）發送給其他收件人，以及轉寄（fw）訊息的功能一樣必要。許多人還使用簽名檔，自動將他們的業務或個人詳細訊息放在每封電子郵件的底部。

較新的電子郵件系統（如谷歌的 Gmail）也引入了郵件串的概念，將與特定人來回發送的電子郵件分組在一起，以便於閱讀。考慮到普通使用者在其一生中可能會累積上千封訊息，用於追蹤過去電子郵件的標記和歸檔系統變得益加重要，更不用說確保重要訊息被讀到的過濾和優先等級系統，把不重要的訊息自動歸在一起，供日後隨意瀏覽。

網際網路訊息存取協定（Internet Message Access Protocol, IMAP）。POP 是相對簡單的系統，像郵局一樣運作：連線到伺服器，檢查並下載新郵件，刪除舊郵件，然後斷開連線。IMAP 提供了更複雜的過程，連線到伺服器的時間更長，並允許不同電腦上的多個客戶端軟體連線到中央伺服器郵箱，並同步它們之間的訊息狀態。它實際上允許從遠端管理伺服器上的電子郵件郵箱，而不僅僅是下載和發送訊息。

過量郵件

鑑於現在世界各地發送和接收的電子郵件數量龐大——即使已排除電子郵件服務提供商過濾掉的大量垃圾郵件——收件匣管理是許多現代信件商業服務的一項重要賣點。管理電子郵件的常用技術，從「收件箱歸零」（不允許郵件留在收件箱中）到「批次處理」（留出時間來處理大量相同模式的電子郵件），世上最常用的溝通方式是一門簡單而不斷變化的藝術。

濃縮想法

以數位發送訊息是訊息本身的革命

05 個人電腦

最早的電腦跟個人完全扯不上邊，是只有精英學術機構、大公司或政府才能使用的龐大且昂貴的機器。電腦的漸次平民化一直是所有數位轉型中最基本的一環，並且可以概括為「個人電腦」的概念：每個人家中都有一台。它還創造了一種文化，使人與電腦之間的關係變得前所未有的親密。

電腦（computer）這一詞原本是指執行計算的人，在 19 世紀，此名詞首次被用於計算設備，在 1946 年後則代表電子計算設備。這些早期的電腦使用眞空管（vacuum tube）進行計算，是一個龐大且耗能的系統，裝滿整個房間。第一台完全可程式化的電子計算機就名爲「巨人」（Colossus），於 1943 年在英國製造，並於 1944 年在第二次世界大戰期間，爲解碼德軍訊息而投入使用。

從 1955 年開始，電晶體（electronic transistor）開始取代計算機中的眞空管系統，並成爲主流電腦的發展；在 1970 年代，積體電路（integrated circuit, IC）和微晶片取代了電晶體，並且終於可能考量電腦的尺寸、成本、易操作性和耗能需求，使其能夠滿足個人消費者。

微處理器革命

在 1960 年代的幾個廣告中，「個人電腦」一詞就已經出現過，但第一台眞正配得上這個稱號的機器是由肯巴克（Kenbak）公司於 1970 年推出的肯巴克一號（Kenbak-1）電腦，它在 1971 年的售價爲 750 美元，差不多是今天的六倍，並只生產了不到 50 台。

時間線

1970	1974	1981
第一台個人電腦	第一個商用微晶片	第一台 IBM PC

肯巴克一號沒有微處理器，只是基於電晶體的電路組合。然而，在 1974 年，美國公司英特爾（Intel）推出了第一個被認為在商業上可行的微處理器，Intel 8080 晶片。這個 8 位元晶片的計算速度比肯巴克一號的積體電路快 500 倍左右，是 1975 年推出的個人電腦，阿特爾 8800（Altair 8800）的基礎（由新興的美國微儀系統家用電子公司，簡稱 MITS，所製造）並將徹底改變大眾對數位科技的看法。

準備大刀闊斧，將漫長的例行公事，在頃刻間完成。新的惠普 9100A 個人電腦。

——1968 年在《科學》雜誌上的廣告

整套阿特爾 8800 電腦的價格只要 439 美元（組裝配件後價格為 621 美元），在推出後的一個月內訂購了 1000 多台，一年內又多了數千台的訂單。一種改裝和製造配件的文化在發燒客間迅速興起。但是阿特爾 8800 最大的影響力可能是在軟體方面，這要歸功於它發布了一種名為阿特爾 BASIC 的程式語言，是當時一家名為微軟（Micro-soft）的新公司的第一個產品，這家公司是兩位好友，保羅・艾倫（Paul Allen）和比爾・蓋茲（Bill Gates），為響應個人電腦的發布而成立。

阿特爾 8800 直接證明了當時幾乎令所有人都感到震驚的事實：電腦不僅僅是學術界和專家所獨有；電腦有能力為全人類點燃熱情。在這次成功的基礎上，1977 年，另外三家公司發布了一些大量生產的電腦，蘋果二號（Apple II）、Commodore PET 2001 和坦迪 TRS-80。這些電腦將繼續銷售數百萬台，並幫助將數位思維建立為日常生活的一部分：

時至今日

到 1980 年代中期，由於硬體和軟體的穩步改進，以及逐漸轉向圖

1985
微軟視窗作業系統推出

1991
蘋果公司推出 PowerBook 筆記本電腦

2010
蘋果公司推出 iPad

觸控式平板電腦

目前個人電腦家族的最新成員是平板電腦（tablet），一種纖薄的便攜式設備，主要由觸控螢幕而非鍵盤控制。微軟於2001年首次展示了平板電腦；但正是2010年蘋果公司iPad的發布，從根本上改變了個人便攜式電腦的含義。iPad以蘋果公司於2007年發布在iPhone上使用的精簡作業系統來運作，讓使用行動裝置更輕鬆和親和，其作爲裝置平台，不僅是爲了像筆記型電腦相似的功能和作用，作爲成熟的多媒體中心，用於瀏覽、閱讀、觀看、收聽和播放。裝置正持續變得更加個性化。

> 如果汽車的發展週期跟電腦一樣快，那今天的勞斯萊斯將只賣100美元，而且每加侖汽油可以跑100萬英里，但是每年會爆炸起火一次。
>
> ——*克林格利（Robert X. Cringely）*

形化使用者界面（Graphical User Interfaces, GUI），例如Mac OS（於1984年發布）和微軟的視窗作業系統（Windows，於1985年發布）。這些作業系統讓人們以彩色圖形介面與電腦進行互動，而取代在空白螢幕上輸入指令的動作。

IBM公司於1981年發布了其第一台個人電腦IBM PC，其成功迅速將個人電腦市場推向了通用標準，從而深刻影響了個人電腦市場。此前，軟體和硬體因型號和製造商的不相容，形成了一個破碎的市場，但IBM電腦的巨大成功使得「兼容IBM的個人電腦」一時興起，最終，連縮寫「PC」本身就代表與IBM兼容的電腦，而不是指任何其他個人電腦。八零年代也出現了一種新型攜帶型電腦——筆記型電腦，於1981年首次上市，但直到1980年代後期才眞正打入市場。

蘋果電腦繼續經營自家的軟體和硬體產品線，但IBM兼容的電腦占主導地位。他們逐漸獲得了大量配件，使家用電腦變得更加強大和普遍，如專業且功能益加強大的顯示卡和音效卡，1990年代初期的CD-ROM讀寫機，更大和更高性能的螢幕，以及在適當時機發展的網際網路連線。

運算速度有多快？

世界上第一台個人電腦，1971 年推出的肯巴克一號，每秒只能執行不到一千次操作。四年後，阿特爾 8800 可以執行 50 萬次。但這才剛起步。到 1982 年，英特爾的新型 80286 晶片，可用每秒 266 萬次執行的速度運行，而使用這晶片的電腦，利用比阿特爾多 100 倍的記憶體來運行程式。到 1990 年，個人晶片每秒能運算超過 4000 萬次；到 2000 年，這一數字已上升到每秒 35 億次以上；到 2010 年超過每秒 1400 億次。這些晶片安裝在家用電腦上，價格不到 1980 年代電腦價格的十分之一，記憶體容量約爲 1 萬倍。這種朝向更便宜、更快的發展趨勢，是數位浪潮中變革——或浪費——的最重要因素之一。

在 2000 年，每年賣出的個人電腦超過 1 億台；而在 2002 年，全球有超過 5 億台電腦被使用，到 2008 年增加到 10 億。然而時至今日，個人電腦在數位市場的主導地位正在縮小，因爲電腦只是人們衆多商業化裝置的其中一項，而不再是進入嶄新資訊世界的唯一窗口。

濃縮想法
人人有電腦

06 伺服器

幾乎所有線上的行為都至少涉及一台伺服器電腦。從最簡單的意義上講，伺服器只是網路上的一個系統，可以為該網路上的其他系統提供服務。由於支援整個網際網路結構的客戶端／伺服器的成功模型，今天世界各地有數千萬台伺服器，在一些最大的網路服務公司的數據中心裡，幾千台電腦集中在一起。這種實體基礎設施消耗了大量能源，並為虛擬世界提供了大量（並且容易遭受攻擊）的真實世界足跡。

在典型的線上客戶端／伺服器關係中，客戶端是個人電腦或程式，例如網路瀏覽器，而伺服器有時也稱爲主機（host），是客戶端希望使用的訊息或服務的來源。所有網際網路資源都根據客戶端／伺服器模型運行，這代表有許多不同的伺服器類型，如收發郵件用的的電子郵件伺服器、經營網站服務的網路伺服器、管理電子遊戲的遊戲伺服器等。伺服器還執行許多高級功能，以保持網際網路本身的基本基礎設施運行。

其中一個高級功能是由處理不同網站名稱的伺服器執行的，以確保網路上每個網站的唯一位址成功對應到人們習慣於在瀏覽器中看到的網址，如 www.bbc.co.uk 等。對應功能由域名系統（Domain Name System, DNS）伺服器在整個網路上執行，以確保網際網路使用者可以在瀏覽器中輸入網址時，成功定向到正確的站點。

在所有 DNS 伺服器中，根域名伺服器——負責運行域名系統層次結構中最基本的「根」區域的伺服器——尤其重要。實際上，這些節點是確保網際網路正常運行的重點。世界上只有 13 台不同的根域名稱伺

時間線

1970

第一台機架式伺服器開始使用

代理服務

使用代理伺服器（proxy server）在客戶端／伺服器鏈中引入了一個額外的連結：一個代理電腦位於使用者電腦和正在使用的服務之間。這個做法有多種用途，其中最常見的是加快網際網路的存取速度：代理伺服器將客戶端經常使用的訊息暫存其上（即保留副本），代表不須所有內容都必須從實際伺服器而來。網際網路服務提供商和數據中心都廣泛使用代理伺服器來加速流量。但代理服務也可用來規避過濾或審查。有時可能無法存取特定網站或線上資源，因爲其伺服器詳細資訊在某些網路上被阻止，但使用代理伺服器作爲中間人就可以避免這種情況。代理伺服器還可以讓使用者透過隱藏他們的唯一 IP 位址以匿名瀏覽網際網路，有效地阻擋任何想觀察和追蹤使用者網路上行動的人。代理伺服器鏈更可以使網路流量的原始來源幾乎無法被追蹤。

服器，按字母順序從 A 到 M 命名——實際上，出於安全和穩定性原因，每個伺服器都有多個備用，因此全球共有大約 250 台根域名伺服器電腦在運行。

譯註：2019 年 8 月，全球共有 1008 台

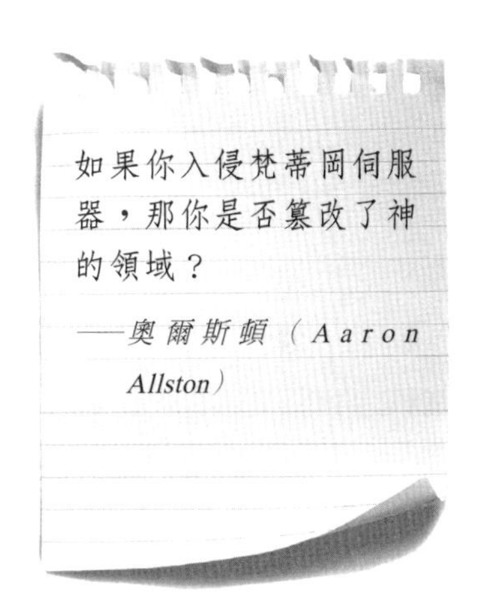

伺服器鏈

簡單地存取全球資訊網上的一個頁面，可能涉及多個伺服器，其步驟如：請求來自電腦上的瀏覽器，透過家用路由器或網際網路連線，然後透過不同等級的域名伺服器，實施管理位址的協定，以連上託管網站的伺服器。

如果您使用的網站或服務與您的電腦不在同一個本地網路上，您的本地 DNS 伺服器將需要從另一個 DNS 伺服器獲取其訊息，並且必須

1990
世界上第一台網路伺服器

2001
第一台刀鋒伺服器出貨

聯繫根域名伺服器以找出哪個主要和二級域名伺服器包含有關您輸入的網址的相關資訊。只有在您嘗試連線網站的實際位址被轉發回您的電腦後，您的瀏覽器才能直接聯繫該網站並開始在您的螢幕上顯示它。

建設伺服器

伺服器是專門的電腦，它的功能與辦公室或家用電腦非常不同。其主要特徵之一是它們幾乎永遠不需要關閉，因伺服器需要能夠始終回應請求，並且預計可以在 99% 以上的時間內正常運行（對很多營運商來說，預期還可以提升到 99.995%）。因此，可靠性與電源的安全性，和保持安全工作溫度的能力一樣，是一個關鍵問題。這通常代表著安裝備份和故障安全系統。

所有以上因素，加上一些主要爲數位服務的公司，有龐大的伺服器需求，代表著以大型聯組（有時稱爲伺服器群或數據中心）運行它們是有意義的。這些聯組可以包含數百甚至數千台伺服器，安裝在高大的金屬機櫃上，傳統上一櫃最多可以擺放 42 台垂直堆疊的伺服器。這些伺服器精簡爲只有一些必要組件，由於其極薄的外形而被稱爲刀鋒（blade），更進一步的話，理論上每個伺服器機架最多可安裝 128 台刀鋒伺服器。

誰有最多伺服器？

營運世界上最大的網站和網路公司所需的運算能力是驚人的。實際數字很難得知，而且還在不斷變化中，但據估計，在 2010 年，有人認爲谷歌營運著超過 100 萬台伺服器，以處理其網站收到的數十億個請求。這本身可能佔全球所有網路伺服器的 2% 左右，集中在全球重要位置的專用數據中心，每年消耗相當於數百萬美元的電力。與谷歌相比，全球最大的電腦晶片製造商英特爾，在 2010 年約擁有 10 萬台專用伺服器；由於其增長速度驚人，Facebook 也可能接近這個數字。與此同時，線上零售商亞馬遜（Amazon）擁有幾萬台伺服器容量，部分原因是爲了確保其網站即使在銷售尖峰期也不會當機，並在向付費客戶出租伺服器效能的業務中，處於世界領先地位（在第 41 章的雲端運算中將再討論）。

伺服器群消耗大量電力——最終運行成本將高於電腦本身的購買成本——並產生大量熱量，這代表著保持它們的冷卻，並使機架周圍的空氣流通，是非常重要的。傳統上，這意味著要在空調、風扇和鋼架結構上砸大錢，以確保空氣流通，但隨著潛在的節能效益達到數百萬美元，大公司開始嘗試將其伺服器安置在氣候寒冷的地方，使用對環境友善的先進空氣循環技術，甚至將數據中心蓋在海上，而不是陸地。

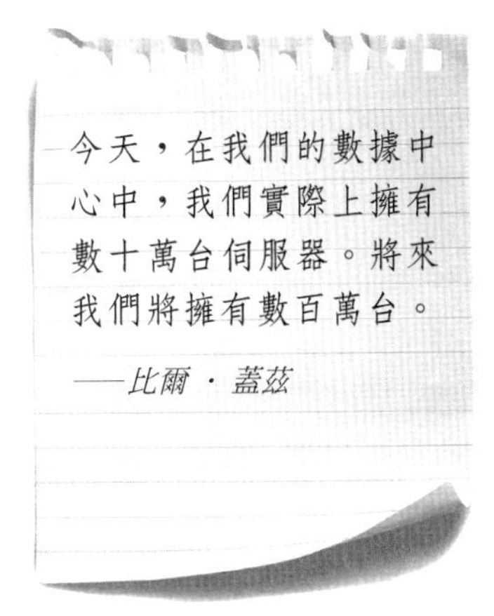

伺服器的能源消耗是一個日益嚴重的環境問題。美國大約 2% 的總用電量用於資訊技術，隨著網際網路和線上公司在全球的穩步增長，網際網路本身正在成為世界上增長最快的碳排放源之一，這在很大程度上要歸咎於為使伺服器運行所造成的大量能源消耗。

濃縮想法
伺服器是數位世界的引擎

07 瀏覽器

網頁瀏覽器是與全球資訊網同時發明的，是網路架構中，屬於軟體工具的一環。使用者透過它存取越來越多樣化的線上應用程式、多媒體、訊息、程式和社交工具。瀏覽器從簡單的軟體不斷發展到今天，可以說是世界上最通用和最重要的軟體，是數位浪潮的核心，也使網際網路融入為日常生活的一部分。

如第 2 章所述，第一個瀏覽器是由柏納茲—李於 1990 年 12 月創建的。瀏覽器將編寫全球資訊網的標記語言轉換爲可用的、連貫的頁面，是必不可少的環節。如果你嘗試以簡單的文本編輯器來查看網頁，只會看到網頁原始碼，包含一系列有關外觀和功能如何呈現的指令，瀏覽器將這些指令顯示爲功能齊全的網頁。

柏納茲—李也許製作了史上第一個瀏覽器，但眞正將全球資訊網帶給了普羅大衆的軟體，稱爲摩賽克（Mosaic），於 1993 年發布。摩賽克創了多項第一。它是由美國國家超級電腦應用中心（NCSA）的一個團隊設計，並免費發布。它直接在文字旁邊，而不是在單獨的窗口中顯示圖片。它具有優雅的圖形化介面，而且最重要的是，它很快就可以在運行微軟視窗作業系統的電腦上使用，而不是僅在更專業的 Unix 作業系統上才能執行，過去的瀏覽器都爲 Unix 系統編寫。

觀念轉變

網頁瀏覽器具有吸睛的、可存取的圖形體驗，開始爲網際網路使用方式帶來巨變。在此之前，非專業電腦使用者可使用的線上服務，大

時間線

1991
史上第一個瀏覽器

1993
摩賽克瀏覽器，網路的第一個「殺手級程式」發布

1995
微軟的 Internet Explorer 發布

作業系統之死？

隨著基於網路的程式語言和應用程式越來越先進，電腦使用者所做的一切，更多發生在瀏覽器的視窗內，而不是在單獨的應用程式上。比大多數公司走得更遠的公司是谷歌，其開發的瀏覽器 Chrome 於 2008 年公開發布，從一開始就被設計爲邁向未來電腦作業系統的第一步，此系統將完全於網路的應用程式運行，而不是從安裝在個人電腦上的程式。Chrome OS 將於 2011 年底發布，它是取代本地電腦，透過雲端運行越來越多的核心運算服務的衆多發展之一。

部分僅限於美國線上這種 ISP 商所提供的服務，這些供應商在封閉的專用網路範圍內提供電子郵件、新聞、聊天、遊戲和其他服務。然而，突然之間，全球資訊網的開放性，開始讓網路看起來像一個眞正的大衆現象。

瀏覽器的下一步是在 1994 年發布的網景瀏覽器（Netscape Navigator），它基於摩賽克開發，並且也是免費的。這個摩賽克的進化版包括了在下載網頁的同時查看網頁內容的能力，而不是在所有數據傳輸完畢之前，死盯著空白螢幕。在九零年代，透過網景瀏覽器的各種更新帶來的其他創新，包括網站能夠在使用者的電腦上儲存被稱爲 cookies 的訊息組，供瀏覽器使用以提供增強或客製化的服務；以及第一種使用於瀏覽器的腳本語言 JavaScript，它允許將許多動態功能嵌入到網頁中——從滑鼠經過時會發生變化的圖片，到互動式表單。

電腦解放運動，這個長期受挫的夢想——建立一個包羅萬象的圖書館，可以即時自我出版，聰明到可以回答讀者問題的自動文件——正在摩賽克瀏覽器的加持下，再次衝擊大眾的視野。

——*沃爾夫（Gary Wolfe），1994*

2003
蘋果的 Safari 發布

2008
谷歌的 Chrome 發布

企業競爭

到 1996 年，網景瀏覽器以壓倒性優勢主導了不斷擴大的瀏覽器市場。然而就在此時，微軟開始把其瀏覽器 Internet Explorer（又稱為 IE 瀏覽器）的程式綑綁在新電腦上安裝的視窗作業系統中。此戰略取得了巨大的成功，以致於微軟後來陷入基於競爭法的反壟斷訴訟中。到 2002 年，IE 瀏覽器已經佔據瀏覽器市場的主導地位，大約 95% 的網路使用者都在使用它。

從那以後，在網路應用程式的不斷創新和持續增長的網路使用者社群的推動下，市場已經大大開放。作為網景的開源繼承者，Mozilla 的 Firefox 瀏覽器，現在幾乎是三分之一網路使用者的選擇，雖然總數仍然落後於 IE 超過 40%。與此同時，蘋果公司瀏覽器 Safari 於 2003 年首次發布，在 Mac 使用者中佔據主導地位，約為整個瀏覽市場的 6% 左右。另一個主要參與者谷歌於 2008 年推出了其瀏覽器 Chrome，使用者數快速增長，目前佔據全球市場 12%。

譯註：至 2020 年 1 月，Google Chrome 在全球桌面瀏覽器中有 69.89% 的占有率。

外掛程式

隨著全球資訊網使用的擴展，瀏覽器顯示越來越複雜的網頁的能力，得到了外掛程式（plug-in）的補充，這類額外的可下載軟體，允許

評分如何？

考慮到創建最先進的線上服務，其元素的複雜性，正確呈現現代網頁的每個元素，對於瀏覽器來說可能是一項艱鉅的任務——而且使用者也同樣難以知道他們喜歡的瀏覽器是否滿足最佳現行標準。網頁 Acid3 的設計就考慮到了這一點。只需連上網址 http://acid3.acidtests.org，你的瀏覽器就會嘗試正確呈現一個頁面，這頁面是測試瀏覽器是否符合當前網路標準項目，從腳本編寫到呈現，分為 16 個子測試。結果將是一張測試圖片和最高 100 分的得分。在 2008 年 Acid3 首次發布時，每個可用的瀏覽器都未能獲得滿分，而有些瀏覽器（例如 Chrome）現在可以做到這一點了。

瀏覽器顯示出第三方程式所支援的媒體，如Adobe的Flash（用於動畫、遊戲、影像和互動媒體）或Apple的iTunes和QuickTime。

此類外掛程式大大提高了瀏覽器的多樣性和功能，雖然並非所有程式都能相容。例如，iPhone和iPad等行動和平板裝置專用的Safari瀏覽器版本，與Flash不相容，導致使用者無法透過這些設備使用大量線上多媒體內容。正如此類遺珠所闡明，瀏覽器仍然是數位科技的重要戰場，很大部分決定了企業或服務在網路市場上，是否可能達到目標或與目標失之交臂。

濃縮想法
瀏覽器使網路活了起來

08 標記語言

標記語言是一組編碼方式，它告訴瀏覽器每個網頁的外觀和行為。這些語言中最基本的是超文本標記語言（HyperText Markup Language），或稱 HTML，它定義了網路文檔的基本格式，並使它們能夠透過瀏覽器查看並連結在一起。但是還有其他幾種重要的語言和語言協定，其規範允許現代網頁提供我們覺得理所當然的複雜互動功能。

HTML 的第一個重要擴充稱爲動態 HTML（Dynamic HTML），或簡稱 DHTML。原始的 HTML 只是指示瀏覽器如何顯示一個靜態頁面，「動態」標籤意味著，網頁第一次可以編寫、顯示會變化和互動的內容。早期的網頁完全基於 HTML 的第一版，網頁的任何更改或回應都必須從伺服器重新下載。相比之下，使用 DHTML 編寫的頁面可以對使用者的操作做出反應，而不用每個動作都必須從伺服器重新下載。

DHTML

DHTML 不是一種語言，它是指三種核心技術的結合，使網頁能以動態執行。首先是文件物件模型（Document Object Model, DOM），這件工具可以將網頁上任何區塊定義成一個個「物件」。以往網頁的文字是缺少定義方式的，使用 DOM 的文字區塊可以被視爲物件，而單一物件可以變化或與使用者互動，無需把頁面上的所有訊息再次透過網際網路發送。

第二個核心是階層式樣式表（Cascading Style Sheets, CSS），這是一組模板，能夠定義字體大小、顏色、間距和圖片大小等，以及如何

時間線

1991	1995	1996
HTML 首次定義	JavaScript 首次出現	CSS 首次定義

應用於網頁上的所有內容。像 DOM 一樣，CSS 爲網頁提供了一組全域規則，而不是在每個網頁上都需重新定義，從而提供了更大的靈活性和範圍。例如，任何被標記爲「標題」的內容，都可以自動指定爲以大字級、粗體、帶下劃線的字體顯示，也允許頁面元素自動套用更改後的樣式。

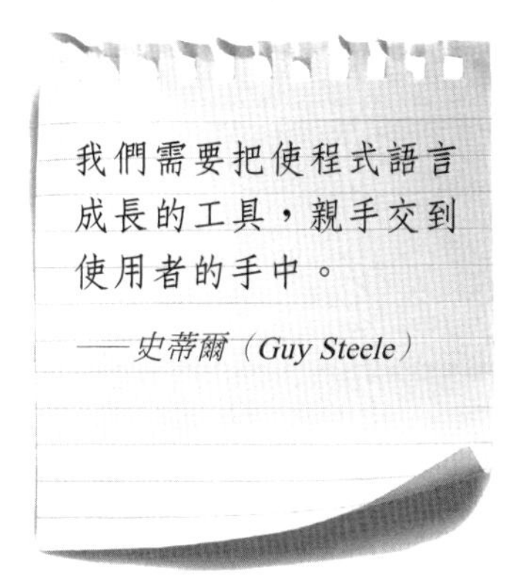

第三個也是最重要的核心是腳本語言（scripting languages）。它們實際上是一種微型程式語言，可以下載一系列指令，以便從使用者端（即在個人的瀏覽器中）而不是從網路的伺服器端執行，因此比起每次動作或事件都必須從伺服器端處理，這個技術能使得瀏覽器可爲使用者提供更複雜的體驗。

JavaScript

在這些使用者端腳本語言中，最流行和最重要的是 JavaScript。它與 Java 程式語言無關，是在 1995 年作爲網景瀏覽器的一部分發布，最初是以 Mocha 的名義開發。JavaScript 迅速流行起來，使網頁開發人員

維持標準

程式語言有多強大，在於使用它的人數，以及同樣花費了大量精力來確保爲所有語言和支援網路和數位技術的協定。有幾個組織參與了建構協定的過程。全球資訊網聯盟（W3C）是領頭的國際標準組織，負責更新和維護大多數線上使用的主要公共協定和程式語言的標準，從 CSS 樣式表到 XML 和 HTML 皆然。國際標準化組織（ISO）是另一個重要的國際機構。它成立於 1947 年，總部位於日內瓦，負責監管世界上許多最基本的數位標準，從程式語言到圖形、數據的格式、網路和硬體皆然。

1998 XML 首次定義

2005 AJAX 一詞被使用

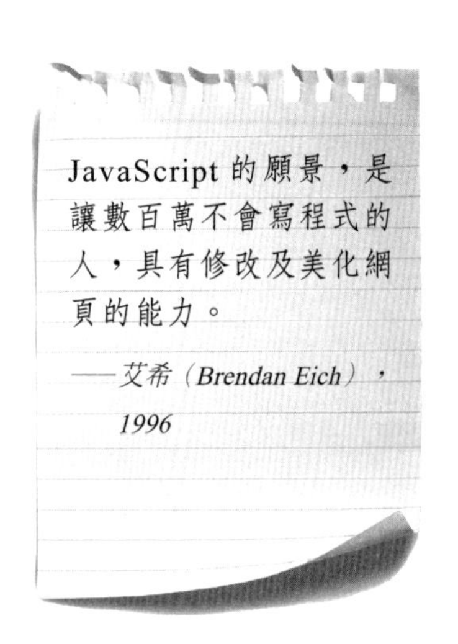

能夠提供更多樣化的線上體驗。

1996 年，微軟爲了與其他對手競爭，在自己的 IE 瀏覽器上迅速發布了相容腳本語言 JScript。JavaScript 和 JScript 使網頁開發人員能夠針對網頁上由 DOM 所定義的物件，進行程式編寫功能，並首次實現了現在習以爲常的幾個功能：下拉式選單、塡寫互動式表單、當滑鼠游標經過時會改變顏色或大小的文字和圖片等。

XML

1998 年發布的可延伸標記語言（Extensible Markup Language, XML），不僅是現代網路，更是大衆數位文化的另一個重要里程碑。XML 的源頭不是起於 HTML，而是遠在網際網路成形之前就用於定義電子文檔樣式的一般原則。在 1960 年代開發之初，是根據單一標準，使電子文件在多種設備上可讀取的一種規範。

XML 將這個標準化原則應用到網路，解決了使網路持續增長的一個關鍵問題——網站能夠被許多不同類型的設備和瀏覽器正確讀取和顯示的重要性。在 XML 出現之前，開發人員實際上需要維護同一個網站的多種版本，每個版本都有一組原始碼，以便網站能夠在不同的瀏覽器和設備上正常運行。然而，XML 定義了一系列規則，將訊息編碼成以各種電腦和程式（例如瀏覽器以及許多其他程式）皆可讀取的標準格式。

從這個意義上說，XML 不是作爲一種單一的語言，而是作爲一組設計相容性語言的規則：今天，基於 XML 原則的數百種語言被用於瀏覽器、辦公室和專業工具、資料庫和許多其他方面。由於在 XML 中定義並定期更新的通用標準，這些發展都能夠在基本層面上保持相容。

超越 XML

當今最先進的網站具有高度的互動性，並且其功能越來越像電腦

印刷的歷史

標記（markup）這個詞本身，和標記語言中的許多常見術語，都不是數位科技後才誕生，而是起源於更早的技術變革——印刷術。活字印刷最早出現在15世紀的歐洲，這是一個費力的活兒，通常需要在手寫稿上標記，並指示印刷廠如何在頁面上呈現，如哪些文字應該用粗體，斜體、標題、下劃線或單獨列出。一些印刷術語在標記語言中存活至今，比如表示「強調」的縮寫 *em*（以斜體輸入）及表示粗體的「strong」等。

程式。實現這一目標的最強大方法之一是透過稱爲 AJAX（非同步的 JavaScript 和 XML）的技術。與 DHTML 一樣，AJAX 不是一種語言，而是一組技術，它們共同支援高度互動性網站的存在，例如電子郵件程式，或許多購物或娛樂網站。

AJAX 一詞本身是在 2005 年創造的，儘管它所涉及的技術已經使用了一段時間。最重要的是，它能使網頁在使用者查看和使用頁面時檢索數據並獨立操作，因此其名稱中的「非同步」描述，描述了所有這些過程可以在不同時間獨立發生的事實。有關更複雜的互動式內容的詳細內容，將在第 17 章中討論。

濃縮想法
數位技術需要通用的數位語言

09 搜尋

如果不能搜尋網路所包含的益加龐大的訊息，網際網路的用途將會很有限。早在 2005 年，谷歌執行長施密特（Eric Schmidt）就估計，網路上的數據量大約有 500 萬 TB：包含 1 兆字的資訊。其中，世界上最大的搜尋引擎谷歌僅為其中 200 TB 建立了索引，約為 0.004%。從那時起，網際網路上的數據量增長了許多倍；尋找其中最重要的內容，仍然是數位文化面臨的最大挑戰之一。

谷歌成立於 1998 年，是以搜尋網際網路訊息服務爲商業模式的最著名公司。但其實已經有很多公司致力於同樣的業務。第一個搜尋引擎是在 1990 年，由蒙特利爾的麥吉爾大學的一名學生所建立的 Archie —— 名稱源自「歸檔」（Archive）一詞，去掉了 v 而成 —— 比谷歌還早了八年。Archie 是第一個能執行簡單但關鍵功能的程式：它會自動下載每個公共網站上所有可用文件的列表。然後使用者可以搜尋這個列表，看看他們是否匹配特定的單詞或縮寫。

搜尋發展的下一個階段是在 1993 年。彼時，全球資訊網開始騰飛，這代表網際網路不僅由儲存在連接的個人電腦所組成。還有越來越多的網頁，它們被託管在充當網路伺服器的電腦上，而非個人電腦。另一位麻省理工學院學生，開發了一個稱爲全球資訊網漫遊者的程式，不僅能夠記錄連線到網際網路電腦上的文件名稱，而且還可以在網站上爬行，並記錄它們的確切站點。漫遊者是全球第一個網路「機器人」，因爲它可以自動執行。幾年來，它建立了一個索引，記錄了早期全球資訊網漸長的規模。

時間線

1990	1993	1995
第一個網際網路搜尋引擎	第一個全球資訊網搜尋引擎	Yahoo！搜尋開始服務

完全索引

下一個大躍進出現在1994年，它是一個名爲網路爬蟲（WebCrawler）的程式。這是第一個建立索引的搜尋引擎，它不僅建立了每個網站的名稱和位址的索引，甚至還建立了它瀏覽過的網頁中每個單詞的索引。這使得使用者首次可以透過搜尋引擎搜尋網站的實際內容，而不是找到一個名字看起來很有趣的網頁，卻得連進去才能知道內容是不是有趣的。

到了這個階段，全球網路的商業可能性變得清晰，搜尋服務開始看起來像是寶貴的商業機會。1994 年至 1996 年間，大量搜尋引擎競相推出，利用網路的基礎開放結構來編製自己的網站索引，並試圖贏得使用者。這些引擎包括 Lycos、Magellan、Excite、Infoseek 和 AltaVista，它們迅速推動了一個新創領域，旨在透過提供最強大、最有用的搜尋工具來贏得使用者的注意。

實用性

簡單地將搜尋詞與相關網站和資源匹配的想法，只是搜尋發展史的

全球競爭者

在世界上幾乎每一個國家中，谷歌都是佔主導地位的搜尋引擎，網際網路是如此國際化，對一間美國公司來說，確實是一個了不起的成就。今天，谷歌在全球 60 多個地區，以幾乎同數量的不同語言開展業務。但在少數幾個國家中仍不占主導地位。在中國，遵循政府審查規則的中國本土搜尋引擎百度（Baidu），在 2010 年底擁有超過 70% 的搜尋市場佔有率，而谷歌則不到 25%。在俄羅斯，俄羅斯公司 Yandex 控制著超過 60% 的搜尋市場，而在捷克和韓國，本土公司也佔據主導地位。不過總體來說這些都是特例：2010 年末，谷歌佔據了全球所有搜尋量的四分之三以上，其次是雅虎、微軟的 Bing 和百度，這些均不到 10%。

1998 谷歌公司成立

2000 百度公司成立

2009 微軟推出 Bing

試圖欺騙

幾乎在搜尋引擎誕生的同時，就有人試圖透過提高自己網站的排名來得利。這代表搜尋公司必須改進他們的作法，以比作弊者領先一步。幾個比較粗糙的方式是，作弊者會在其他人的網站上張貼一些連結，來產生成大量指向自己網站的來源，或他們可能會用大家愛用的搜尋關鍵字來包裝網站，例如「性」、「賺錢」或名人的名字。搜尋引擎優化（search engine optimization，想正規的將網站變得知名的操作）與徹底作弊之間，可能只有細微差別。搜尋引擎演算法的確切細節往往都嚴格保密，其中一個原因是希望讓人們盡可能難以操縱搜尋結果，也很難找到獲得潛在有價值提高關注度的捷徑。

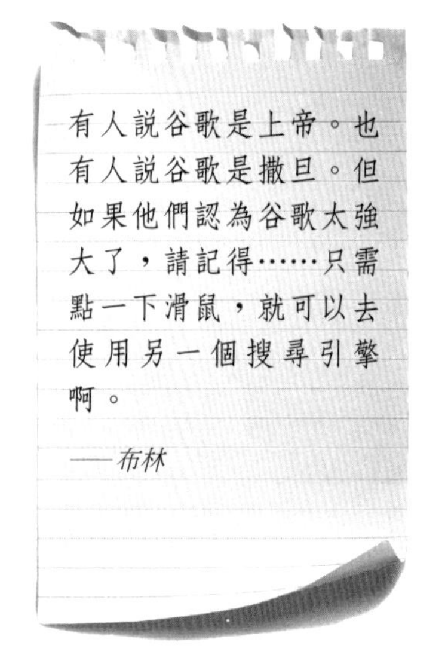

一小部分。與匹配同樣重要，但更有挑戰性的是，搜尋內容不僅應顯示準確和全面的結果，而且更應該顯示有用的結果。確保有用結果主要有三種方式，對於成功的現代搜尋引擎都至關重要：盡可能全面的網站索引；為使用者提供盡可能多的工具來幫助搜尋；並且，最棘手的是，試圖從人們的行爲和網站本身中，學習什麼是他們覺得有用的訊息，而哪些不是。

到 1990 年代中期，這些領域的創新想法暴增。例如，Lycos 是第一個讓使用者在網站內尋找相似兩個詞的服務，而 AltaVista 提供了搜尋多媒體（如圖片和影像）的功能。然而，1996 年 1 月，史丹佛大學的學生布林（Sergey Brin）和佩吉（Larry Page）開始了一個研究項目，稱爲網頁排名（PageRank）演算法，即將成爲搜尋領域最強大的創新。

網頁排名是一種衡量任意網站重要性的方法，透過自動查看連線到該網站的其他網站的數量來評比。這演算法構成了布林和佩吉的實驗搜尋引擎——谷歌的基礎。1998 年，谷歌作爲一家公司成立，此後一直在不斷完善其網頁排名演算法，並在此過程中佔據了全球網際網路搜尋市場的四分之三。然而，競爭者的搜尋引擎仍然活躍在世界各地，對於搜尋服務界的所有公司來說，面對不斷擴大的網際網路，為了提供高品質的搜尋結果，需要投入大量的時間、精力和創新。

濃縮想法
數據只有在你能找到它時才有用

10 網際網路 2.0

在 2001 年的網路泡沫，打碎了許多數位美夢。幾年之後，網路進入第二階段的想法開始流行起來。用來描述它的術語「網際網路 2.0」所指的，與其說是技術進步，不如說是人們線上互動的理由和方式的大轉變。在最初的十年中，網路主要被視為搜尋和共享訊息的工具。網際網路 2.0 描繪了益加活躍和普遍的數位文化：一個所有人都可以使用協作、社交、共享和創作的地方。

在全球資訊網出現之前，網際網路最早是由少數懂電腦的人所塑造的，這種平衡一直持續到網際網路萌芽期，早期使用者通常具有高度的電腦知識。然而，許多普通使用者是被網路的易用性所吸引，他們傾向於瀏覽和消化內容，而不是自己創建內容。

由於基於網際網路的強大而實用工具的穩步發展，情形正逐漸改變，這些工具允許每個使用者成爲網路世界的積極參與者。這是柏納茲—李設計全球資訊網的初衷，但還需要發展到一定的連線規模，這夢想才能成爲現實。

變化是透過科技發展和使用態度的漸進演變而生，這種結合的精華體現在技術專家歐萊禮（Tim O'Reilly）於 2004 年在舊金山舉行的首屆網際網路 2.0 會議上。這會議主要在探索，網際網路是怎麼發展成爲橫跨多種媒體和各種裝置（從手機到電視、從電話到搜尋）進行創新的強大平台？答案是以使用者爲中心的，圍繞搜尋、創作、整理、共享和分類內容的能力，將這些活動互相連接，且在蓬勃發展的線上環境中完

時間線

1999	2001	2003
引入 RSS 訂閱	維基百科成立	社交書籤一詞被創造

成所有工作。

集體創作

> 如果你的目標群眾不聽你說話，這不是他們的錯，是你的錯。
>
> ——高登（*Seth Godin*），*小即是創新的巨大*

網際網路 2.0 的心臟，也是核心創意之一，是網誌（weblog）或稱爲部落格（blog），一個讓任何人都可以在網路上發表言論的平台，也是一個透過線上追蹤和回應他人的行爲促成的文化交流平台，並以閱讀器之類的應用程式，將使用者選擇的最愛站點的更新匯集在一起。

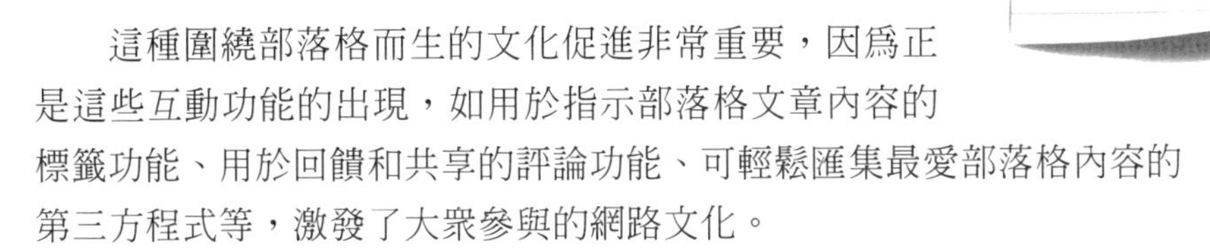

這種圍繞部落格而生的文化促進非常重要，因爲正是這些互動功能的出現，如用於指示部落格文章內容的標籤功能、用於回饋和共享的評論功能、可輕鬆匯集最愛部落格內容的第三方程式等，激發了大眾參與的網路文化。

在 2001 年推出的線上百科全書，維基百科（Wikipedia），也許是大眾參與的最有影響力的一個例子，其初衷是成爲一個完全透過志願者創建和維護的普世參考資源，並向任何希望做出貢獻的人開放。任何人都可以在線上資料庫添加條目和訊息的的想法，或直接稱爲「維基」

標籤世界

標籤是最簡單的數位分類形式之一，將單字或片語與頁面或資訊相關聯，這些標籤能幫助其他人了解該資訊的含義。這個過程是與網際網路 2.0 相關的眾多創新的核心，因爲它可使數百萬網際網路使用者共同生成一張圖片，了解從部落格、書籍、新聞和網頁連結的所有相關主題，具有可以被搜尋、匯總、比較、共享的結構，並用於將不同網站、不同使用者間生成的內容片段相互關聯，甚至與全世界關聯的全球圖景。

2004
首次網際網路 2.0 會議

2005
影像共享網站 YouTube 成立

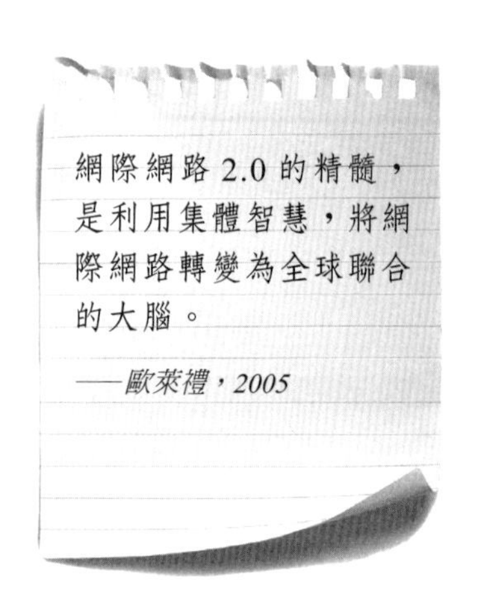

（wiki，源自夏威夷語中的快速一詞，從 1995 年開始被使用）與網際網路 2.0 有著根本的聯繫。

自成立以來的十年間，維基百科已經成為網路協作潛力的象徵——用歐萊禮的話來說，就是「利用群眾智慧」。這種趨勢幾乎涵蓋了與網際網路 2.0 相關的所有成功案例：從谷歌衡量網路連結結構，以優化其搜尋結果的能力，到亞馬遜將使用者評論、評論和建議整合到其網站的基本結構中。

社交面

網際網路 2.0 的另一個魔法是病毒式散播的力量。一個想法的傳播不再像在傳統媒體世界那樣，由其營運者的市場策略推動，而是由於其受眾的積極傳播。散播過程的中心機制源自於多樣化社交工具和平台的發展：如 2004 年推出的 Digg，使用者發布故事連結並對故事的有趣程度投票（又叫做社交書籤網站），到 2002 年 Friendster 完全成熟的社交網站而開始蓬勃發展，最後由於 Facebook 的驚人成功（成立於 2004 年，截至 2011 年初擁有超過 6 億使用者），這些社交網站開始在網路中佔據主導地位。

這些力量標誌著網際網路的第一個十年轉變，實際上，這轉變是否值得冠上 2.0 的標籤？這是一個具爭議性的問題。柏納茲—李本人不喜歡這個詞，但它們無疑標誌著，使用者對網路力量的充分利用，並轉變

RSS 訂閱

RSS，又稱簡易資訊匯合（Really Simple Syndication），誕生於 1999 年，是最流行的一種網路訂閱——一種自動從網站上提供內容及訊息，供其他網站聯合使用的方式。我們可從部落格到新聞和媒體網站的所有內容中，自動提取素材，是網際網路 2.0 協作和合成進程的重要組成部分。訂閱使追蹤和分享其他網站的內容變得容易，並且可使檢查更新及分類的過程自動化。有了匯集技術，使用者可定期監控的網站數量增加了十倍以上。

爲數位文化的積極參與者。在長尾理論中的一個想法，便認爲大部分的市場不是由少數重大成功者所佔有，反而是由大數量小衆產品（niche products，又稱爲利基商品）和想法所組成。

隨著社交媒體和聯網裝置的激增，網際網路將被帶入下一個階段，網際網路 2.0 留給我們的，可能體現在基本觀念的轉變，即任何人都能在網路上發聲，以及積極扮演塑造數位文化的一份子——無論更好或更壞。

濃縮想法

互動與協作是新的全球準則

11 網路禮節

應該如何對待網路上遇到的其他人？不可避免地，透過網際網路而非面對面互動，適用於不同的規則和習慣。也許更重要的是，當我們不必與他人面對面打交道時，行為將會更自由：更粗魯、不屑一顧或愚蠢，抑或更無私、合作或樂於助人。隨著網際網路和數位文化的發展，鼓勵線上正向行為的想法也隨之增長；概括為某種不成文的網路行為禮儀，或稱網路禮節（netiquette）的概念。

使用者行爲準則早在全球資訊網出現之前就已經存在於網際網路上。早期以電子郵件、論壇和新聞爲中心的網際網路互動；「網路禮節」這個詞在 1980 年代中被用作一種半開玩笑的形容，在流行的網路行爲指南中發揮了作用。這些指南諷刺地反映了早期的反社會網路習慣，例如在回信上簽名過長和過於詳盡的簽名檔，一次發送好幾百份電子郵件副本，草率寫作並使用沒用的主旨等。

第一份明確使用網路禮節一詞的文件，在 1995 年由英特爾公司發布，試圖將在新生網際網路上良好行爲的含義銘記於心，並意圖向快速增長的新網際網路使用者社群提供一些資訊。在網際網路發展的最初幾年建立的協議和公約，特別是將網際網路使用分爲三個主要類別——一對一通信、一對多通信和網際網路服務，並列出了一些較一般性的（發送內容要保守，接收內容要豁達）和特定的（大小寫混合。使用大寫看起來像在叫囂。），諸如此類基於早期網際網路使用者建立的規範與建議。

時間線

1983	1992	1995
首次紀載網路禮節規範的文件	首次形容網際網路上的酸民	英特爾發布其網路禮儀指南

隱私和剽竊

正是因爲在網上複製大多數素材十分容易，剽竊和偷取他人的工作成果——無論是透過將整個複製的網站充當爲你自己的作品，還是乾脆否認一個想法或作品的著作權，這兩種最常見和最嚴重的網路禮儀違規行爲。

同樣，鑑於網際網路的大部分領域是公開的，不尊重他人的線上隱私可能會嚴重違反信任：例如，公開發布他人電子郵件位址和聊天訊息，或者只是公開複製大量陌生人的資料。更頻繁發生的是，只打算發送給一個收件人，卻不小心轉發給其他人的電子郵件，是資訊世界中最常見，且可能令人尷尬的網路禮儀違規行爲之一。

隨著時間的推移，網際網路以及隨後的全球資訊網以好幾個數量級在擴展，這些導引漸指向一件曖昧卻重要的原則——網路空間的積極潛力，只有在遵守某些道德行爲規範的情況下才能實現。不僅集中在與交流有關的禮貌慣例上，而且集中在更普遍的使用者意願上，即不加以濫用線上互動的兩個最核心的特徵：匿名性和多樣性（即易於複製和散播）。

引戰、白目和酸民

與線上行爲相關的最早的、至今仍在使用的短語之一是「引戰」（flaming）——故意發布煽動性內容，最初出現在網際網路的早期論壇之一。試圖透過發布引起極端評論的內容來煽風點火被稱爲引戰（flame-bating），並可能導致論壇中其他成員之間的口水戰。

可以預見，這種行爲已經從論壇擴散到即時聊天、社群網路、電子遊戲和人們聚集的大多數線上空間。今天，通用術語「網路白目」（griefers）適用於那些進入線上空間——尤其是線上遊戲——以破壞

2007
部落客行為準則發布

2008
加州透過反網路霸凌法

他人事物爲樂的人。網路白目的一個特殊和持續壯大的族群被稱爲酸民（troll）—— 在這種情況下，某人假裝是線上對話中的一個天眞的普通參與者，以獲得他人的信任 —— 然後給他人帶來不便。

譯註：由於各國網路文化不同，以上有關的名詞中英對照略有差別，譯者試圖以其使用的歷史、時機及範圍做為區別，如 flaming 起源於早期網路論壇，並著重在其煽動的行為上，故以引戰為其翻譯。而 troll 一詞最早是形容發動嘲諷言論的個人，因此借酸民一詞以示其義。griefer 一詞較指向遊戲中破壞他人成果為樂的人，而在台灣，網路白目的使用範圍更為廣泛。

分身帳號和假草根

一種越來越普遍的違反網路禮節的行爲是使用分身帳號（sock puppets）這種不誠實的自營身分 —— 利用虛構身份的推薦，讓顧客產生有許多人支持其人或其作品的錯誤印象。分身帳號的典型現代用途可能涉及作者以分身帳號在亞馬遜上發布幾篇對自己作品的好評；或者，更嚴重的是，在政治部落格上創建多個分身，以推動特定觀點或削弱對立觀點。

正是因爲它很容易實施，這種欺騙嚴重違反了網路禮節最基本的基本原則之一 —— 公開和誠實評論的承諾。使用分身帳號的一個相關實踐是假草根（astroturfing）—— 製造虛僞的在地人士支持的假象，使他人誤以爲廣告或宣傳活動是在地自發的。這種做法在現實層面也能實行，只是在網路中尤其普遍。從商業產品到政治，都很容易創造自發性的假象。

網路霸凌

許多違反網路禮節的行爲可以歸爲網路霸凌：針對特定個人並使他們遭受欺凌的線上行爲，還可能涉及跨不同站點和論壇對他們進行「人肉搜索」（cyber-stalking）。匿名性和智慧型手機等網際網路設備日益普及的結合，可以使網路霸凌比現實世界的霸凌更常見，也更難擺脫，尤其是在年輕的網路族群中。隨著人們越來越意識到此類行爲的潛在嚴重性，許多國家正在透過立法，將網路上威脅和迫害定義爲非法。在網路上發布關於他人的虛假和誹謗訊息，是另一種嚴重違反網際網路道德的行爲，在日益數位化的社會中，也越來越受到重視，並被列爲嚴重犯罪。

譯註：假草根的行為類似於台灣常見的業配，近年來業配不僅限於推銷商品，也擴展到政治網紅及網軍等更大的領域，也更難以分辨。

行爲準則

第一個對現代網際禮儀產生廣泛影響的正面行爲準則，是歐萊禮於 2007 年首次提出的「部落客行爲準則」，作爲對假意、不文明和不誠實的回應。負面影響破壞了許多部落格上誠實而富有成效的話語，甚至影響整個網路。歐萊禮的準則是針對部落客的，但在其七項提案中，包含了大部分網路使用者完整的基本原則。

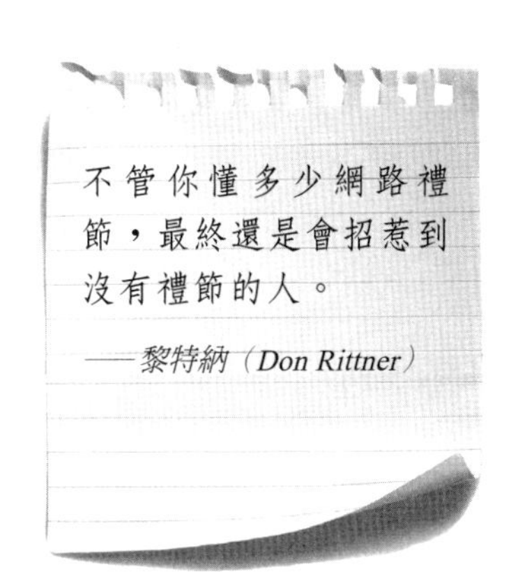

它們是：

1. 對自己的言論和自己網站上准許的其他人的言論負責。
2. 表明您對辱罵性評論的容忍度，以避免可能冒犯您的內容。
3. 不自動容忍匿名評論，因爲這可能會鼓勵濫用。
4. 忽視酸民的言論，而不是去迎合挑釁者。
5. 如果對話導向嚴重的網路霸凌（cyber-bullying），則關閉對話。
6. 與您認識的，在網上表現不佳行爲的人對抗。
7. 不要在網路上說出任何您不準備親自說出口的話。

最後一點可能是最簡潔，也最能總結網路禮節的內涵：如果您希望成爲數位文化的一部分，請像對待任何其他文化領域一樣尊重，並保持體面與維持跟人面對面互動時的相同標準——無論在虛擬的或是眞實的空間互動，他們都同樣是眞實的人。

濃縮想法

健康的網路文化是一種道德文化

12 部落格

任何想寫網誌，或簡稱部落格的想法，是早期網際網路積極面的核心之一。過去只有優秀的作家才能出版作品，在網路發展的早期，只有少許使用者擁有建立網站的技術。部落格的文化改變了這一點，讓每個網路使用者都能以一種簡單的方式，在網路上發布自己的文字和想法。史上第一次，人人都是作家的時代到來。

網誌一詞最早出現於 1997 年，兩年後出現了部落格一詞。然而，部落格背後的想法在整個 1990 年代，隨著早期網際網路一起發展。在 1990 年之前，早期網際網路上分享想法的標準方式是透過新聞群組，它本質上充當開啟討論的主持人論壇，成員可以發表評論和想法，如果獲得版主批准，則可與小組成員分享。

然而，隨著全球資訊網使用者激增，保留線上日誌的想法開始發展：人們開始留出網站的一部分來發布定期更新，關於他們生活中發生的大小事的內容。賓州斯沃斯莫爾學院（Swarthmore College）的一名學生霍爾（Justin Hall）就是這樣一位開創性的日誌作者，他於 1994 年開設了一個名為「賈斯汀地下連結」的網站，並益加頻繁地使用這個網站向訪客介紹他的生活。

以日記風格定期更新的個人網站，對讀者和作家都具有深刻的吸引力，並且在 1990 年代末變得越來越流行──第一個專用部落格工具的出現反映了此一發展。1998 年 10 月，Open Diary 服務推出，允許使用者在沒有自己擁有或維護網站的情況下寫部落格。發布後不久，Open

時間線

1994	1997	1999
首次出現電子期刊	首次使用網誌一詞	LiveJournal 成立

Diary 引入了一項將成爲部落格文化核心部分的功能：讀者可以對特定的部落格文章發表評論，允許公開進行對話以回應某人的作品，並讓部落格作者第一次看到他們的話產生了什麼效應。

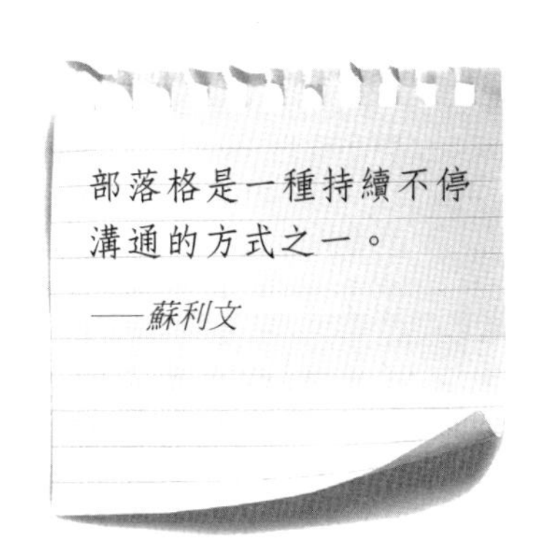

新角色

1999 年 3 月推出的 LiveJournal 和同年 8 月推出的 blogger.com 等服務推動了部落格作爲一種開放、可存取的工具的發展。隨著部落格開始進入流行意識，除了簡單的個人日誌格式之外，不同的類型也開始發展。政治部落格是最先受到廣泛關注的部落格之一，2000 年和 2001 年，世界見證了*新共和周刊*前編輯蘇立文（Andrew Sullivan）的部落格「每日一菜」，和法學教授雷諾（Glenn Reynolds）的「博學網」（Instapundit）的創立。與印刷媒體不同，即時部落格允許對關鍵事件進行幾乎實況的政治評論，而部落格的結構本身鼓勵了部落格作者之間新的政治評論、引述、辯論和參考線上材料的綜合水準。

部落格的力量

在過去的五年裡，一些個人部落格的知名度和影響力已經上升到與最大的報紙和電視廣播公司相似的水準，更不用說專業的媒體機構本身的部落格經營。世界上閱讀量最大的部落格，左翼政治網站《赫芬頓郵報》現在擁有大約 60 名員工，在美國有四個地區版本。Engadget 是世界頂級技術部落格，在全球以九種不同語言營運，可以說是世界上最具影響力的單一技術新聞媒體——緊隨其後的是 TechCrunch。與此同時，新聞和名人八卦部落格 TMZ 打破了近年來的一些重大新聞紀錄，從梅爾・吉勃遜（Mel Gibson）被補到麥可・傑克森（Michael Jackson）過世的消息都有。

2003
谷歌收購 blogger.com

2005
赫芬頓郵報成立

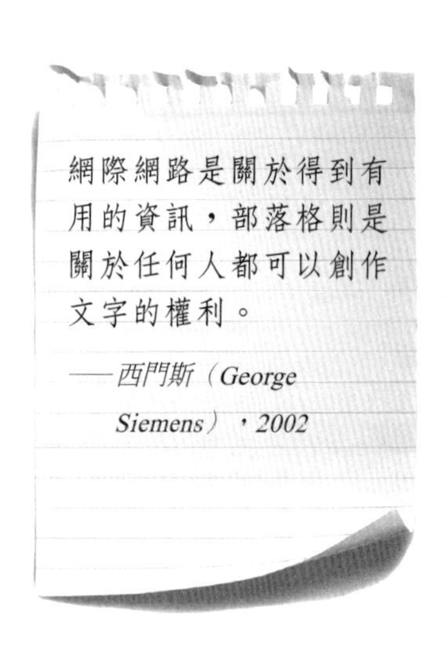

文化、八卦、技術和特殊興趣部落格激增迅速，並且其內容漸能在速度、實話實說和對細節的專業關注方面勝過傳統媒體。部落格的影響力與其受衆同時增長，這一過程由圍繞評論、標記、聯合提要和側邊捲動欄（blogroll）的網際網路 2.0 結構和習慣所催化——在您自己的部落格上列出您自己最喜歡的部落客的習慣。

2004 年，部落格一詞被韋氏詞典選爲年度詞條。到了這個階段，部落格已經成爲一種接近於自媒體，從簡單地將部落格作爲日記或營銷策略的人，到將其視爲一種嚴肅的藝術或評論形式的人——或許也不可避免地產生發表煽動性評論的酸民——已經牢固地確立了自己作爲平行數位藝術的地位。

到 2000 年代中期，熱情的興趣社群也圍繞知名的部落格建立起來——甚至共同生成部落格，就像科技新聞網站 Slashdot 的情況一樣，它的故事由讀者提交和投票——而部落格越來越成爲一種文化和政治人物直接與觀衆交流的方法。英國作家蓋曼（Neil Gaiman）於 2001 年開始寫部落格，吸引了大批追隨者；英國議員沃森（Tom Watson）於 2003 年開始寫部落格，這是英國政界最早這樣做的人物之一。

不僅是文字

隨著網路內容變得越來越多樣化，部落格也不再僅基於文字，藝

微網誌

世界上最著名的微網誌網站推特（Twitter）巧妙地體現了這個概念：微網誌不是以線上日記的形式發布詳細的文章，而是邀請使用者發布非常簡短的（推特發布的最大長度爲 140 個字母）關於其狀態的更新，並即時發布，形成實況的文字和連結串流。鑑於部落格作爲一種媒體的成熟度，一些評論家將微網誌視爲其未來的形象：它與社群網路無縫接軌，適用於注意力持續時間短的行動裝置，並提供一種即時感，甚至使日記部落格看起來都嫌慢。

術和攝影等是現在常見的主題。部落格的線上出版提供基本上無限的容量，透過文字、圖像、聲音和影像詳盡地涵蓋一個專業主題。現代技術部落格上的主要產品評論通常包含上述所有媒介，並且可達到數千字和數千條評論。

音頻部落格，以可下載的聲音檔案的形式，通常被稱爲 Podcast。是另一種尋找特定聽衆的方式，亦是一種重要的藝術，因爲現在全世界有超過一億的獨立英語部落格活躍中。事實上，部落格的影響力如此強大，以至於越來越難以在部落格和傳統媒體的線上出版之間劃清界限——幾乎所有人，現在不僅以部落格爲特色，而且還包含大多數評論到聯合提要等技術創新，使部落格有助於普及。

濃縮想法
今天，人人都是作家

13 彙總

在訊息量越來越大的時代，過濾訊息並使資訊變得有用，是一項極其重要的任務。彙總只是意味著將訊息聚集到一個地方，除了搜尋的能力外，彙總已成為所有數位思想中另一個基本概念。這也可能是有爭議的，一些人認為，只是簡單地收集。而非創作訊息，將助長報紙等原創內容創作媒體倒閉。

彙總訊息的方法其來有自。像*讀者文摘*這類出版物可以被看作是書面思想和內容的集合，而出版年鑑、雜記和年鑑的古老傳統，證明了在一個園地累積資訊，其不言而喻的功用。與往常一樣，彙總的數位版本帶來的是這個過程的複雜性和規模的指數級增長，以及其日益自動化的潛力。

數位彙總有兩種基本類型：客製化彙總，取自個人使用者選擇的訊息來源；和集中彙總，使用者自己無法控制，但由特定人士、一群人或自動化選擇。

客製化彙總

早在全球資訊網出現之前，網際網路使用者就能夠以「閱讀訊息」服務的形式使用非常早期的彙總形式，例如 GNUS —— 1988 年開發的一個簡單軟體，除了檢查使用者的電子郵件帳戶外，還可以提供所選擇的新聞群組的訊息，這代表他們會在收到的電子郵件的單獨檔案夾中，自動接收新聞更新。

時間線

1988	1997
GNUS 發布	Drudge Report 網站上線

新聞界的爭議

2010 年 4 月，媒體巨頭莫多克（Rupert Murdoch）對搜尋引擎和其他提供新彙總服務的公司，發起了公開的批評，指責他們無所事事，並在網路上讓人免費進入寶山。那年稍晚，莫多克在他們的某些新聞網站設置了付費制，防止在沒有訂閱的情況下被線上搜尋、查看或使用他們的內容。莫多克的策略是不是商業上的成功還是未知數，但他的擔憂與許多傳統內容製作產業的擔憂相呼應，他們擔心線上彙總的便利性以及領頭彙總服務的誘惑，代表著珍貴的原創內容，會在其他外部網站被重利用，而原創者幾乎沒有獲得利潤或聲譽的機會。

像 GNUS 這樣的服務就像一個現代郵件列表：一旦你註冊，訊息就會不斷發送給你，直到你取消訂閱。然而，在全球資訊網的第一個十年即將結束時，事情開始變得更加複雜。基本的新聞閱讀軟體與線上生成的大部分內容的彙總品質越來越差，而部落格、專業興趣和新聞網站正在蓬勃發展且更新頻繁，並包括圖像、連結、聲音和按類型和主題分類的新等級資訊。

1999 年，以簡易資訊匯合，或稱 RSS（在第 10 章概述）的規範形式，出現了對此一發展的關鍵影響。RSS 能夠獲取網站的內容，並生成 XML 格式的頁面，包括標題、描述和原始內容的連結。這個 XML 代碼現在可被獲得，並顯示在一個單獨的網站上，彙總器（aggregator）這個詞就是為此創造的。使用者在彙總站點上免費創建一個帳戶，然後隨著 RSS 規範的迅速流行，訂閱接收來自部落格、新聞和他們選擇的其他站點的定期更新的內容摘要。

到 2003 年，基於 RSS 的彙總器已成為主流，並且是網際網路 2.0 先驅的一部分。同年 8 月，《*連線*》雜誌的一篇文章說的，「瘋狂網民

2003 NewsGator 推出

2006 BuzzFeed 成立

2010 莫多克在其新聞頁面引入付費制

彙總的社群趨勢

由於社群媒體的興起，特別是 Facebook 和推特，使得關注和分享個人的意見非常容易。然而，社群媒體也取代了客製化彙總服務曾經扮演的許多角色，如幫助使用者線上追蹤他們感興趣的一切事情。今天，談論「彙總器」這個詞，更有可能是在形容自動數據收集或分析服務，而不是用於閱讀部落格摘要的老派工具。然而，每個月都會出現更多的彙總工具來幫助社群媒體使用者管理這些服務：從轉發最多的項目列表到共享最多的連結、把熱門話題或其他人一直在談論的所有內容轉發給你。

正開始轉而使用一種稱爲新聞閱讀器（newsreader）或彙總器的新型軟體，來幫助他們管理龐大到難以消化的資訊。」

流行的早期 RSS 彙總服務包括 NewsGator 和 SharpReader，兩者均於 2003 年推出。如今，顯示來自 RSS 及其主要競爭對手格式 Atom 的提要的能力，已作爲標準功能，整合到大多數瀏覽器和電子郵件客戶端中。現代彙總市場已經相當鞏固，2005 年首次推出的谷歌閱讀器服務主導市場，Bloglines 位居第二。

彙總網站

並非所有網路使用者都會使用，甚至曾看過客製化彙總服務。然而，更多的人常體驗在選擇性編譯內容的彙總網站和服務，可快速瀏覽而非客製化選擇。

最早透過彙總新聞產生影響力的網站之一是 Drudge Report，它起源於 1996 年的八卦通訊服務，但在第二年發展成爲一個網站，*通訊*雜誌的編輯德拉吉（Matt Drudge）每天都會在上面發布精選的新聞稿包含世界各地引起他注意的頭條新聞和連結。

許多其他成功的彙總網站，都建立在反映個人或編輯團隊品味的定期更新連結的基礎上——從流行文化中心，如由哲學家達頓（Denis Dutton）於 1998 年創立的《藝術與文學日報》（Arts & Letters Daily），到 2006 年創立的網站 BuzzFeed 編輯團隊，專注於捕捉當前病毒式媒體的先鋒。

自動化和擴展

由專業編輯選擇連結的彙總站點仍然是一種流行的線上服務。但迄今爲止，該領域最大的增長來自基於關鍵字、演算法和社交趨勢的自動化和社交推動的服務。

> 人類智慧是將所有人類經驗總和，不斷累積、選擇和重組自己的素材。
>
> ——*史特利（Joseph Story）*

例如，谷歌的新聞服務，是一個完全基於在任何特定時刻，對數千個新聞媒體的趨勢進行自動搜尋和分析的彙總器。與此同時，像 Digg 和 reddit 這樣的社會新聞網站，則彙總了由讀者收集並投票的連結。其他自動爬文（scrapers）的網站，每天自動搜尋幾千次特定類型的網站，並將結果張貼在頁面供使用者比較：其中有某些服務，致力於從購物比價到投注賠率、旅行優惠或汽車價格的所有內容，創造了數百個成功的實例。甚至，還有彙總器的彙總，例如 Popurls，一個列出其他主要彙總服務上最熱門連結的站點。

濃縮想法
將世界上的資訊集中在一處

14 聊天

與他人即時交流似乎是網際網路最不言而喻的用途之一，也是技術幾乎沒有改變這種基本活動方面的領域之一。然而，即時線上對話既發展了許多重要的次文化，又為整個數位文化的本質做出了貢獻。

在網際網路出現之前，1960 年代早期的大型計算機系統上的使用者之間就在發送即時訊息。也許在電腦上進行的對話，最值得注意也是最明顯的的特徵是：史上第一次的文字即時對話。

最早的電腦即時通訊形式有其局限性。talk 在 1970 年代開始作爲標準指令，包含在 PDP（Programmed Data Processor，程式數據處理器）系列電腦上 —— 當時是世界上使用最廣泛的中間端電腦硬體 —— 但僅適用於登入到同一台電腦的不同使用者，並且不能區分使用者：字母只是按輸入顯示，最大速率爲每秒 11 個，這意味著重複的句子常常塞滿螢幕。

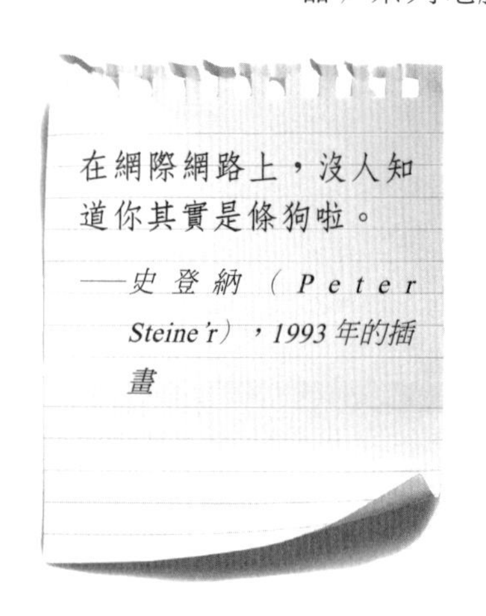

IRC

隨著 talk 指令的發展，它開始將不同電腦上的使用者間統合，而早期的專用聊天程式（如 ntalk 和 ytalk）的對話可包含兩人以上。然而在 1988 年，一個意圖塑造眞正即時對話的程式出現了，即爲網路中繼聊天（Internet Relay Chat），簡稱 IRC。

IRC 基於伺服器／客戶端模型，代表使用者需要在

時間線

1988	1996	1997
IRC 發明	ICQ 推出	AOL Instant Messenger 推出

勇敢新詞彙

以電腦對話的局限性和可能性，連同 SMS（簡訊服務）一同催生了許多新詞和慣例，其中許多是節省空間的首字母縮寫：從惡趣味的（LOL 表示「笑到翻」）到功能性的（BRB 表示「馬上回來」）和詼諧的曖昧用語（DAMHIKIJKOK 表示「不要問我怎麼知道，我就是知道，了解？」）。線上辭典的一部分，包含常見的打字錯誤都變成了新詞（如 pwn 就是 own，意思是在遊戲或爭論中獲勝）和從 1980 年代開始，本作爲一種有意避免審查制度的方式，但漸漸自己發展，從用「n00b」代表菜鳥，「l33t」代表精英，他們實際上知道自己在說什麼。

他們的電腦上安裝IRC程式，然後使用它連線到網路上的IRC伺服器。IRC 主要透過「渠道」的概念來工作，而不是在個人對話的基礎上工作。伺服器上的每個頻道都傾向於關註一個特定的主題；將您的 IRC 客戶端連線到伺服器代表您選擇加入特定頻道，此時您將能夠觀看並參與所有登錄該特定頻道的人之間，文字的即時對話。

IRC 還允許僅在兩個人之間「悄悄話」，但它基於通道的結構與協議的開放性相結合 - 得益於此，成千上萬的人可以獨立設置伺服器託管遍布世界各地的通道，使其成爲網際網路潛力最強大和最受歡迎的早期案例之一。

在全球資訊網出現之前，全球有成千上萬的人在共享的線上空間中交談並分享他們的知識。例如，IRC 頻道提供了許多美國公民一窺共產主義蘇聯的生活。即使在今天，IRC 在世界各地仍然很受歡迎，擁有自己的公用事業、搜尋、騷擾機器人和無人機、會議和社群網路。

2004
AOL 推出影像聊天

2005
Google Talk 推出

2009
Chatroulette 上線

玩聊天輪盤

線上聊天的最新發展之一是俄羅斯的網站「聊天輪盤」（Chatroulette），於2009年推出，並完全在瀏覽器中運行，它用網路攝影機（假設人們有網路攝影機並允許網站存取它）將使用者隨機連線，一次在兩個人之間建立即時視訊。使用者可以隨時斷開連線並再次輪替，進入另一個隨機視訊對話中。從第一個月的幾百名使用者開始，該網站在推出後的一年內就擁有超過100萬使用者，並且儘管某些人難笑的不當內容引起了爭議，再次證明了網際網路推動人類最基本興趣的能力：接觸並結識他人。

即時對話

與IRC不同，即時對話系統基於私人通信，通常在兩個人或一小群受邀請人之間進行。與電子郵件一樣，它們傾向於根據朋友和聯繫人的個人列表進行操作，在其他電腦應用程式的後台運行，並在朋友上線並可以聊天時通知您。

1960年代和1970年代，非常原始的即時訊息傳送系統可以被認爲是即時訊息傳遞的一種形式。但是，在1990年代中期，全球資訊網推出之後，這些系統開始成爲線上交流的主要形式，這要歸功於許多有吸引力且對使用者友好的系統的發布，這些系統與IRC相對嚴肅的文字對話世界相比，提供了更具吸引力的的即時聊天願景。

第一個跨越網際網路的即時通訊服務於1996年推出。稱爲ICQ（英文發音類似於我找你），它在網上免費分享，除了聊天外，還提供包括檔案傳輸、手機簡訊及遊戲在內的服務和聯絡人目錄。1997年，AOL的程式Instant Messenger（稱爲AIM）緊隨ICQ之後，AOL的程式證明了即時訊息作爲大衆市場服務的轉折點。1998年，雅虎和微軟自己的訊息服務迅速跟進。

在別的裝置上交談

隨著訊息服務在1990年代後半變得越來越流行，線上聊天的機會在其他環境中益發受到期待。電子遊戲可以說是這些環境中最重要和文化匯集的地方，它是最早允許人們線上即時互動的電腦程式技術之一，早在 1980 年代的文字遊戲世界就開始發展。

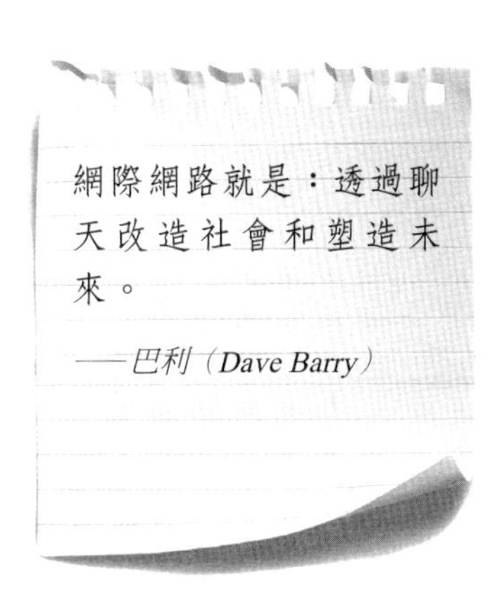

到 1990 年代末，在遊戲中聊天本身就是一項蓬勃發展的網路活動，許多遊戲玩家同時運行專用的 IRC 或其他通話服務以保持對話。專注於特定主題或主題的聊天室（chatroom）也在網路上激增，有時會添加圖形來創建互動的擬眞環境，在 21 世紀初的十年，這些活動逐漸被成熟的虛擬世界和容納數千甚至數百萬玩家的大型線上遊戲的增長所取代。

音頻和影像

隨著電腦的性能和網際網路連線頻寬的增加，即時訊息不可避免地開始包含音頻和影像服務。AOL 於 2004 年在其即時通訊服務中引入了影像聊天功能，而微軟在 2005 年也跟進，在這個階段，影像和音頻都成爲了對聊天服務的標準期望，同時將功能彙整到電子郵件和其他線上服務中。

今天，即時聊天被認爲是從社群網路、管理工具和線上文件編輯器的所有內容中的基本設施，而視訊和音頻會議服務可以透過訊息服務或專用應用程式（如 Skype）輕鬆獲得。然而，大部分線上交流仍然是用打字——並且繼續帶有線上聊天歷史的獨特印記。

濃縮想法
新媒介需要新的談話方式

15 檔案共享

隨著共享音樂軟體的廣泛採用，網際網路使用者共享檔案的做法在 1990 年代末和 2000 年代初引起了公眾的最大關注，這促使整個產業發生了巨大的變化。然而，網際網路使用者之間的檔案共享是一個更古老和更廣泛的業務，並且形成了共享和分送數位訊息的最基本方式之一——同時也是對舊的發行、版權和所有權模式的持續挑戰。

只要存在電腦和檔案，檔案就會在電腦使用者之間共享，而軟體或媒體生產者試圖阻止他們的創作被分享的措施與破解文化——分享和規避數位形式的版權和保護——齊頭並進。

然而，隨著全球資訊網在 1990 年代發展，全世界的上網人口、連線的速度以及電腦的能力逐步增加。隨著世界上成千上萬的人在電腦上儲存更多的數位媒體，容量和計算能力逼近極限，這導致出現了專門設計用於共享檔案的軟體，從世界任何角落直接聯繫。

點對點傳輸

這種軟體被稱爲點對點（peer-to-peer），因爲它不是讓每個人都從某個中心點存取內容，而是讓他們找到一個擁有他們正在尋找的檔案的使用者，然後彼此直接連線。

最著名的早期點對點服務，是由波士頓的一名學生於 1999 年 6 月推出的。它被稱爲 Napster，一直營運到 2001 年 7 月被法院強制關閉爲止，這要歸咎於它在使用者之間促成的大量侵犯版權行爲。在巔峰時期，Napster 允許 2500 萬使用者共享超過 8000 萬個檔案。今天，該品

時間線

1998	1999
美國通過數位千禧年版權法案	Napster 成立

牌轉為營運合法的音樂下載服務。

Napster 的機制為何？首先，Napster 軟體需要下載並安裝在客戶端。執行軟體時會將電腦連線到中央 Napster 伺服器，這伺服器將列出當下所有其他執行 Napster 的使用者的列表。您輸入要查找的歌曲的詳細資訊，Napster 伺服器就會提供擁有這首歌曲的其他 Napster 使用者的詳細資訊。選擇您想要的檔案後，Napster 會將本地電腦與目標電腦建立直接連線並下載它。

作為此過程的一部分，Napster 還會將本地電腦上的所有音樂檔案編入指定目錄中以共享音樂，然後允許其他使用者在您連接到網際網路時連接到您並下載它們。由於使用中央搜尋伺服器，Napster 嚴格說來並不是純粹的點對點服務，但它的成功展示了點對點傳輸的力量，並為其他致力於共享各種音樂、影像及程式檔案的服務開了先河。

BT

創建於 2001 年的 BT（BitTorrent）是一種用於檔案共享的開源協

有害的下載

參與點對點檔案共享的主要危險之一是，有害的檔案和程式可能會附加到看似無害的下載和服務中的風險。除了確保非官方下載檔案的合法性存在困難外，一些常用的檔案共享服務，經常被指控在使用者的電腦上安裝間諜軟體，以偷取使用者個人數據。其中一個服務 Kazaa 在使用者的電腦上安裝了一系列工具，用於追蹤網路瀏覽習慣，並顯示各種廣告。Kazaa 成立於 2001 年，在同意向唱片業支付約 1 億美元的損失後，於 2006 年，檔案共享服務被關閉，如今作為合法音樂服務商營運。

譯註：Kazaa 的音樂服務也於 2012 年停止。

2001 BitTorrent 創建

2003 Pirate Bay 成立

2010 英國透過數位經濟法案

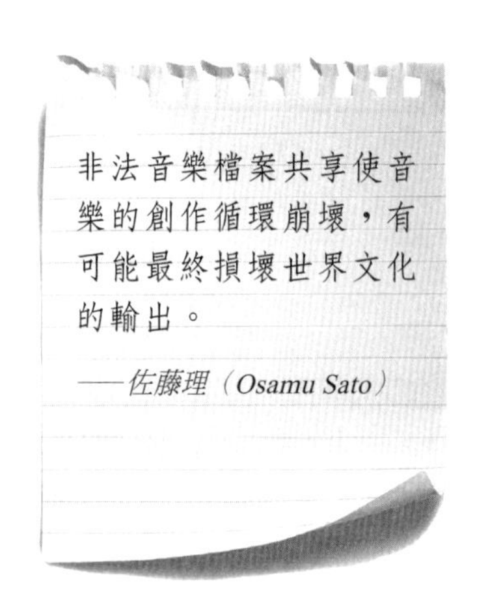

定，由於其強大的功能和靈活性，與 Napster 等早期系統相比，它對數位文化的影響更為深遠。在 Napster 限制其使用者共享 MP3 檔案的情況下，如今各種形式的 BT 是用於線上共享幾乎所有大型檔案（從電影到軟體套裝）的首選系統——並且可能佔今天所有網際網路流量的四分之一。

與 Napster 一樣，BT 首先要求使用者將客戶端軟體安裝到電腦上。然後，他們必須在網路上找到他們想要下載的檔案的連結。然而，接下來並不會連接中央伺服器。而是將下載一個很小的 torrent 檔案，其中包含連線到許多擁有檔案的使用者詳細資訊。使用者能夠同時從不同的電腦下載單一大檔案的不同部分，這使得下載過程變得更快、更可靠，也使得網路流量的壓力要小得多。

正在下載檔案的電腦組統稱為群（swarm）——當檔案的一部分從群下載時，它們也可能同時上傳檔案給其他使用者。為了鼓勵分享，經常使用 BT 並為其他使用者提供大量檔案的人，往往會獲得更高的優先權。最著名的 BT 站點，The Pirate Bay，於 2003 年在瑞典成立。

法律問題

檔案共享行為可能是合法的，但通常會侵犯著作權——這取決於所使用服務的性質、檔案本身以及進行共享的國家／地區。一個問題是，共享檔案時，是誰對侵犯版權負有法律責任：是進行共享的個人或允許他們共享的服務？這又取決於檔案共享服務是否具有可用檔案的集中索引，或者只是一個分散的系統。例如，在歐洲，線上共享有版權素材的個人可能會失去對網際網路的連線權限。然而，從使用者的線上活動中識別是否侵權，可能既困難又充滿爭議。在美國，近年來針對共享侵權的個人使用者發起了數千起訴訟，但具有最高級別約束力的國家法律尚未立法。

未來共享

透過 BT 等機制合法共享檔案幾乎是不可能的，因爲其去中心化的機制、簡單且非常受歡迎。也許抵制它的最有效方法是創立合法的產品線上分銷模式，這些方法提供相似的便利性，但收取少量費用以換取可靠性、合法性、品質保證和與其他服務的集合。

強大的檔案共享技術，尤其是 BT，還有許多完全合法和官方的用途，用於共享軟體和軟體更新，著名的使用者包括英國政府、Facebook、推特和暴雪娛樂（魔獸世界的發行公司）。對他們來說，這種分享形式是減少網路和伺服器負載的有效方式。

濃縮想法
只需點一下就可分享

16 串流媒體

共享和下載檔案是一種數位分享的強大方式。但即使電腦和行動裝置的容量迅速擴大，這種分享方式也需要佔用大量時間和空間。串流媒體（streaming media）於焉登上舞台：無需等待整個檔案下載，即可線上收聽或觀看媒體的能力。串流媒體服務有效地透過網際網路實現了一種強大、靈活的廣播形式——並且為內容提供者和廣播公司提供了一種卓越的替代方案。

音樂是第一個展示串流服務潛力的媒體，這要歸功於與其他媒體內容相比，音樂檔案的尺寸相對較小，並且與 1993 年，壓縮式的 MP3 音樂檔案格式的普及有關。就音樂而言，最早用於串流傳輸檔案的服務之一，RealPlayer，於 1995 年推出，其基本版可以免費下載；一旦安裝在使用者的電腦上，它與網路瀏覽器的彙總，意味著他們可以自由地從提供與 RealPlayer 兼容服務的任何提供者處，得到串流傳輸的音樂。

所有串流媒體服務本質上都是相似的。使用者點擊其瀏覽器中的連結，此時瀏覽器不是開始下載完整的媒體檔案，而是聯繫網路伺服器並下載所謂的來源檔案（metafile）。這個小來源檔案包含對瀏覽器的指令，以啟動播放檔案所需的媒體播放器服務，以及有關將要串流傳輸的檔案的線上位置的訊息。

一旦瀏覽器獲得了要串流傳輸的媒體檔案的位置，它就會進行緩衝（buffering）過程——發送封包以儲存在客戶端爲接收媒體內容所預留的少量記憶體中。這需要一些時間，取決於網際網路連線的速度，但可

時間線

1995	2005	2007
RealPlayer 發布	YouTube 發布	BBC iPlayer 全面發布

串流遊戲

串流媒體 OnLive 於 2010 年在美國推出，提議不僅透過網際網路向其使用者傳輸聲音和圖像，而且還提供完整的互動式影音遊戲。該服務基於一系列強大的數據中心和先進的影像壓縮技術，在串流媒體技術方面打破了許多評論家認爲可能的極限。除了在畫面上極其複雜之外，遊戲每分鐘可能需要玩家與虛擬環境之間進行數百次互動。透過以網路實現這個目標——遊戲不是在玩家的家裡執行，而是在數百公里外的數據中心的電腦上執行——展示了遠端串流媒體取代人們在家裡電腦裡實際擁有並執行的概念。與電影串流服務一樣，這種點播遊戲服務，最終可能允許使用者透過月訂閱制，在數以萬計的遊戲中進行選擇，儘管目前保持遊戲高品質服務的技術要求仍然相當困難。

確保播放不會因下載數據不順而一直中斷。

現代網際網路上觀看次數最多的串流媒體形式來自 YouTube 等影片網站，這些網站提供了一些迅速而強大的方式，將媒體匯集到網路使用中。YouTube 上的剪輯可以在首頁上觀看，也可以嵌入到其他站點中——這代表影像內容可以彙總到部落格或其他網站中並在那裡觀看，而無需連線到 YouTube 首頁。

廣播的未來

串流視訊佔用的頻寬遠遠超過串流音訊，這代表它最近才能普遍化——普通電視需要高品質的寬頻連線，而超高畫質內容則需要超快的網路速度。然而，隨著超快上網速度變得普遍，幾乎所有傳統的廣播形式，都在轉向網際網路和串流媒體服務。

也許最著名的透過網際網路傳輸電視的例子是英國廣播公司（BBC）的 iPlayer，第一個完整版本於 2007 年發布，允許網路使用者

2008 Spotify 推出

2011 YouView 在英國推出

側錄串流媒體

許多軟體允許使用者透過簡單的側錄來錄製串流媒體，有效地將串流媒體轉變為下載和廣播。由於擔心版權影響和失去控制（以及由此產生的廣告和觀眾的潛在收入），大多數串流媒體網站花費大量精力試圖阻止螢幕錄製。這種保護通常涉及數位版權管理（DRM）技術，例如對媒體串流進行編碼，或隱藏串流來源位置的方法。然而，仍很難阻止決心偷錄串流媒體的人，透過螢幕錄製軟體（只是簡單錄製目前正播放在螢幕上的畫面）之類的技術來複製影片。

串流傳輸聲音和影像內容以追上最近的廣播。今天，iPlayer 每月處理超過 1 億個節目請求；雖然它的成功也同時突出網際網路上的串流媒體分享的諸多潛在問題。

由於 iPlayer 佔用的頻寬量，iPlayer 的流行引起了一些網際網路服務提供商的批評。由於 BBC 的資金來自僅由英國公民支付的許可費，因此其內容只能線上提供給擁有英國 IP 位址的網際網路使用者。然而，在英國觀看 iPlayer 內容不需要支付電視許可證。版權也是一個複雜的問題，為了遵守版權，許多節目只能在播出後的有限時間內播放，有些則根本不能播出。iPlayer 的付費國際版於 2011 年推出，英國的一種先進的多頻道網際網路電視服務 YouView 也將推出。

節目表的消亡

除了緊抓串流媒體之外，大多數主要廣播公司都轉向提供線上直播，這有效地將網際網路當作普通電視的並行廣播平台，儘管它可能只能作為訂閱套餐的一部分，或作為單獨的、按次付費的付費活動。

近年來，隨著影像串流軟體的發布，不僅在電腦上，而且在遊戲機及其他媒體設備上發布了影像串流軟體，這種向網際網路廣播的趨勢迅速加速，這是由於消費者越來越希望能夠在網路上閱聽所有媒體，並可準確選擇他們觀看的內容和時間，而不是依賴特定頻道上預定的節目表。

廣播的日益個人化不僅適用於電視，也適用於客製媒體體驗的普遍願望。例如 Spotify 等音樂串流媒體服務，甚至對 iTunes 等非常成功的線上商店也構成了挑戰，因為其標榜使用者永遠不需購買音樂，只需支付每月訂閱費用，即可從超過一千萬首精選音樂中串流傳輸音樂。

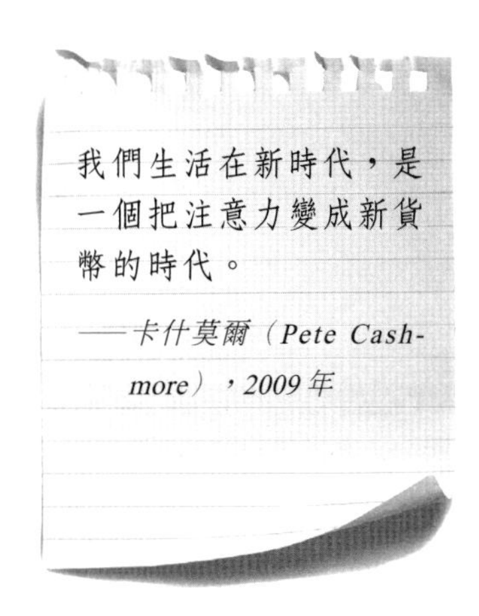

這種從購買音樂和影像等媒體，到簡單地訂閱海量內容的串流媒體服務的轉變，標誌著媒體所有權觀念的潛在巨大轉變：如果有夠大的頻寬和選擇，許多人可能認為自己根本不需要擁有一份音樂或影像的複本，只要通過串流即可在自家觀看。而從另一個角度看，使用這些媒體明顯取決於可靠的網際網路連線以及串流服務公司為其所有使用者提供服務的能力。

濃縮想法
網際網路正在成為普世的廣播公司

17 多樣化網路應用程式

在線上提供多樣化的內容——動畫、聲音、影像、互動——是現代軟體開發人員的核心任務之一。隨著越來越多數位活動透過網際網路進行，並且對複雜線上應用程式的需求越來越大，交付更多內容和控制交付未來多樣化內容所用的軟體的鬥爭變得激烈。一場進一步創新的激烈競賽正在進行。

向線上提供多樣化內容的轉變，而不是簡單地使用網際網路發送電子郵件和通訊，或使用網路提供連結訊息，已經成爲向網際網路 2.0 過渡的核心部分。特別是，過去需要電腦使用者親自在他們的電腦上安裝軟體套裝的大量任務，例如文字處理、保存電子日誌或構建表格，現在可以使用專用的線上服務，透過瀏覽器輕鬆執行。

多樣化的線上內容是什麼樣的？一方面，有像 Google 的 Gmail 或線上文件和日曆這樣的服務，它們提供了十年前昂貴的桌面軟體所提供的大部分功能：文書處理、連結到動態日曆的詳細位址簿和完整的電子郵件記錄，以及上傳和轉換各種不同格式的文檔和資料庫檔案的能力。微軟的 Office 應用程式套件自 2010 年以來提供 Office Web Apps 以作爲回應，鑒於許多電腦使用者越來越常透過網際網路執行任務，這套線上工具允許使用者直接從網路免費使用查看和編輯功能。

另一方面是線上娛樂。在複雜的互動式網站（對所有廣播公司來說越來越重要的市場）中按需求提供影像和音樂是現代多樣化內容的典型特徵。然而，這個領域中最複雜的產品是遊戲。它需要與玩家的即時

時間線

1996	2005
Adobe Flash 推出	Term AJAX 被創造

缺乏支援

截至 2011 年初，Flash、Silverlight 和 Java 均不受運行蘋果 iOS 作業系統的設備（iPod、iPhone 和 iPad）的原生支援。性能問題可能是其中的一個因素，但一些批評家認為還涉及另一個問題：控制權。獨立營運的網路平台可能允許開發人員繞過蘋果，對其設備上使用媒體和應用程式的控制權，因為它們將允許第三方透過網路提供此類材料。鑑於網頁應用程式的重要性日益增加，幾乎所有瀏覽體驗與所有主要開發平台兼容可能只是時間問題——除非出現一兩個明顯的贏家，主宰該領域並獲得回報。當談到多樣化的內容時，控制權可能是最重要的問題。

互動，與大多數其他線上活動相比，對記憶體、圖形和處理器的要求極高。

在 1990 年代，幾乎所有複雜的電腦遊戲都必須作為單機軟體來購買及遊戲。但是，不斷增長的線上提供多樣化內容的能力，推動了透過瀏覽器提供複雜遊戲的熱潮——從模擬經典棋類和益智遊戲到蓬勃發展的獨立開發者社群，提供品質與十年前在專用遊戲機上發布的遊戲品質相當的遊戲。

最受歡迎的

平台網頁程式開發人員在開發要線上使用的多樣化內容時，必須做出的第一個決定是，它將在什麼軟體上運行。它會在瀏覽器的現有功能內運行，還是會要求使用者首先安裝外部軟體框架，然後才能作為瀏覽器外掛程式來運行？將此類軟體安裝到電腦的硬碟，可以使其設計瀏覽器功能之外的許多選項和功能：但也存在與無法相容的系統，或不允許使用者下載和安裝其他外掛程式系統的風險。

2007
Microsoft Silverlight 推出

2008
HTML5 初稿發布

3D 世界

雖然 Flash、Silverlight 和 Java 是世界上用於開發多樣化網路應用程式的主要平台，但其他更專業的應用程式也存在強大的特殊用途。最近的一個例子是 Unity Web Player，專為線上遊戲而設計。下載後，它可以在瀏覽器中渲染沉浸式 3D 世界，直到不久以前還只能在單機版（及精心設計）的遊戲中實現。Unity 等工具展示了現在瀏覽器對於電腦數位體驗的重要性，以及其中提供的服務的潛力，不僅作為複雜的互動服務，而且作為精心設計的互動環境發揮作用。此外，隨著數位軟體和內容的生產從少數人轉變為幾乎人人都能接觸，Unity 等工具將設計此類環境的能力置於更多人的預算和技能範圍內。

有三種可下載平台，在創建多樣化網路應用程式（Rich Internet Applications，有時簡稱為 RIA）的全球市場中佔據壓倒性優勢：Adobe 的 Flash、微軟的 Silverlight 和甲骨文公司的 Java。一旦下載了其中每一個的最新版本（許多新購買的新電腦已經完成了這一點），使用它們的功能的線上內容可以簡單地被執行，而無需進一步安裝。

Flash 是所有這些平台中安裝最廣泛的，並且是大多數新購買的現代電腦的標準配置。由於其相對易於使用以及動畫和互動的適用性，Flash 在開發網路遊戲方面尤其受歡迎，它於 1996 年首次推出，作為將動畫引入廣告等線上內容的一種方式，此後已發展成為一個強大的多媒體平台。

微軟的 Silverlight 於 2007 年首次發布，開始挑戰 Flash 的主導地位，提供類似的服務，並且像 Flash 一樣，在封閉而不是開源的基礎上工作，一些自由和開放網路的倡導者對此表示擔憂。相比之下，Java 於 1995 年作為一種程式語言推出，並提供免費軟體許可，儘管專門用於構建 RIA 的 JavaFX 平台於 2010 年發布，但尚未公開發布。

HTML5 和 AJAX

還有幾種線上生成多樣化的互動式內容的方法，而無需將 Java、

Silverlight 或 Flash 等平台「外掛」進入瀏覽器。其中最流行的 AJAX（非同步 JavaScript）和 XML，定義了一組技術，這些技術共同允許基於標準功能開發多樣化的網路內容，這些功能匯集到幾乎每個現代瀏覽器的功能中，並且基於完全開放的標準，而不是涉及封閉軟體。Gmail 和 Google Maps 等網站都是使用 AJAX 構建的。

> 全球資訊網的起源是靜態的文檔，但它顯然正在成為一個多樣化的社交應用平台。
>
> ——*格雷（Louis Gray）*

另一個開放標準似乎也可能為許多網頁設計師提供一個誘人的工具：HTML5，支援全球資訊網的超文本標記語言的最新版本。HTML5 目前仍處於草案形式，其最終規範尚未完全確定，但在允許開發人員在不依賴外掛程式的情況下，在瀏覽器中生成複雜的、互動式的多媒體內容方面，它比任何以前版本的 HTML 都走得更前面。

譯註：HTML5 於 2014 年 10 月完成標準制定。

濃縮想法
網路應用程式正在定義軟體的未來

18 無線上網

數位文化的第一階段透過實體基礎設施的發展展開，該基礎設施仍然構成現代網際網路的基礎，即連接國家和大陸的龐大的全球電纜網路。然而到了今天，無線網路連線的第二階段被證明再次轉變，並允許世界上全新的多類型設備加入網際網路，並將我們從實體互連的桌機文化轉變為眾多、無處不在的聯網設備之一。

最常見的無線網路連線形式稱爲 Wi-Fi，涵蓋了一組技術，其中許多是基於 802.11 的技術標準。Wi-Fi 一詞本來是一個商標，於 1999 年首次使用。如今，許多設備（包括台式機和筆記本電腦、智慧型手機、平板電腦、遊戲機和媒體播放器）都標明「可無線上網」，這代表著設備中包含一個無線網路網卡。

使用 Wi-Fi 的關鍵，與其說是擁有支援 Wi-Fi 的設備，不如說是可連線到網路。這意味著連線到無線網路接入點（也稱爲路由器），作爲 Wi-Fi 設備和網際網路之間的橋樑。路由器本身通常以實體方式連線到網際網路，然後與使用無線網路發射器和接收器允許範圍內（通常在室內 30 公尺左右）的 Wi-Fi 設備定位並與之通信。根據路由器的複雜程度，許多不同的 Wi-Fi 設備都可以連線到同一個無線網路網路，並透過它存取網際網路，又或者只是與其他設備連上同一網路。

除了家用和辦公室路由器，公共 Wi-Fi 熱點（hotspot）也越來越普遍，只要在範圍內，人們就可以使用支援 Wi-Fi 的設備存取網際網路。某些網路可能需要首先透過登錄系統進行付款，或者可能由行動電話提

時間線

1994
發布藍牙

1996
首次透過手機行動上網的商業服務推出

供商在全國範圍內提供，作爲訂閱服務的一部分。許多公共場所還提供免費的開放 Wi-Fi。

漏洞

無線網路可能容易受到駭客攻擊或惡意使用，特別是如果它們是「開放的」——這意味著網路的名稱由路由器公開廣播，任何設備都可以加入。透過設定網路存取密碼，或不公開網路名稱及資訊，可以提供更高等級的安全性。

默認情形下，許多無線網路的運行也沒有任何加密，這使得它們很容易受到「駕駛攻擊」（wardriving）技術的駭客攻擊，駭客邊開車四處晃蕩邊使用軟體，這些軟體會自動嘗試定位未加密的無線網路網路並連線，以便從中竊取資料。加密和密碼保護可以防止這類入侵，儘管 Wi-Fi 網路最常見的加密技術，一種稱爲有線等效保密（Wired

藍牙的威力

以 12 世紀斯堪的納維亞國王的名字命名，他在其統治下團結了交戰部落，藍牙（bluetooth）是一種開放的無線網路技術，由瑞典公司易立信於 1994 年創建在短距離的設備之間創建安全連線。今天銷售的大多數手機、筆記本電腦和電腦都支援藍牙，而越來越多的汽車、全球定位系統（GPS）和使用者希望不要以電線連接的其他設備也是如此。每個設備在硬體的配置文件中都有一組編碼，其中包含有關其用途的訊息：當另一個藍牙設備進入範圍時，它們會檢查彼此的配置文件，以確定它們是否可以一起工作。如果它們相容，就會建立一個極微網（piconet），最多可以連線八個行動裝置。極微網也可以連結到其他極微網，一個設備可以屬於多個極微網，使藍牙成爲一種方便而強大的訊息傳輸方式或結合個人設備的功能，如透過汽車音響運行手機通話，或透過同一系統同時播放 MP3 音樂。

1999

Wi-Fi 一詞被首次使用

歡迎使用 WiMAX

WiMAX 全名爲全球互通微波存取（Worldwide Interoperability for Microwave Access）是一種類似於 Wi-Fi 的系統，但沒有範圍限制，因爲它的天線可以在整個城鎮或城市進行廣播。儘管與其他服務相比尚未廣泛部署，但這可能會成爲未來網際網路歷史上最強大的無線網路技術之一，因爲它有可能輕鬆地透過高速無線網路網路覆蓋人口稠密的地區。如果安裝了正確的硬體，單個設備可以直接連線到 WiMAX 網路。然而，另一種日益普遍使用的可能性是使用 WiMAX 廣播連線到個人家庭或辦公室內的 WiMAX 中繼單位。然後以這些中繼單位充當路由器，爲家庭或辦公室內的所有設備提供本地 Wi-Fi 網路。

Equivalent Privacy, WEP）的標準，已知容易受到某些駭客技術的攻擊。更新的標準 Wi-Fi 保護存取（Wi-Fi Protected Access, WPA）更安全。

行動上網

在全球範圍內，透過手機上網仍然比 Wi-Fi 更重要，這在非洲和亞洲等世界部分地區迅速產生了變革性的影響，那裡的實體電信基礎設施不完整，而且在許多地方建設成本太高，但透過電話基地台的行動上網可以迅速布署，幾乎能覆蓋一個國家的每一個地方。對於發展中國家的數百萬民衆來說，這代表著網際網路的第一次體驗不是透過電腦或有線連線，而是透過手機。

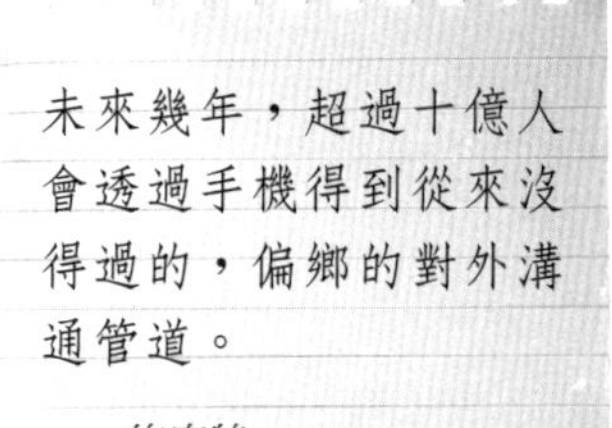

全球行動電話網路中存在大量不同的數據標準和格式。1996 年，芬蘭首次透過手機提供網際網路存取，而日本直到 1999 年才透過 i-mode 行動電話服務，透過行動裝置進行全面的網際網路瀏覽。

行動電話標準是世代相傳的，從第一代或 1G 標準，到第三代或 3G 標準，允許相對較快的數據傳輸速率，至少爲 200 kbits/s，可與中等有線寬頻速度相媲美。第四代行動上網標準將包括更安全、更快速的網際網路連線。

現在有數億人透過手機存取網際網路，但設備和網路的多樣性和局限性，導致上網體驗比有線網路更加碎片化。雖然使用現代智慧型手機和快速行動網路的人，可以像在個人電腦上一樣自由地瀏覽網路，但舊手機和較慢的網路嚴重限制了網際網路的使用，不同製造商設計的作業系統之間的不相容性也是問題。蘋果的 iOS 和谷歌的 Android 是智慧型手機的兩大主流作業系統。

濃縮想法
無論在哪裡都可以上網

19 智慧型手機

智慧型手機將電話功能與更高級的計算功能，特別是存取網際網路服務的能力相結合，從基本的電子郵件到全方位瀏覽。智慧型手機僅佔現代手機銷量的五分之一左右 *，但該行業正在穩步改變數百萬人聯繫和存取數位資源的方式，從電子郵件和全球資訊網到媒體、休閒和生產力軟體、商業服務和商業世界。

* 譯註：2020 年，智慧型手機的市佔率達到 80%。

1997 年，易立信（Ericsson）公司首次使用「智慧型手機」一詞來形容一種從未眞正在市場上發布的設備：GS88 Communicator，是該公司「Penelope」項目的一部分。該智慧型手機方面的核心與其說是它的硬體（在當時相當強大），還不如說是它的軟體：第一個用於行動裝置的專用作業系統的原型，可讓設備像一台電腦般運作。

此作業系統被稱爲 Symbian，是與 Psion、諾基亞和摩托羅拉合作開發的。第一款使用 Symbian 作業系統的商用手機是易立信的 R380，於 2000 年正式上市。在其他一些手機上，已經可以使用像電子郵件之類的網路服務，但它們作爲行動計算裝置的功能受到嚴重限制。

易利信的設備並沒有計算能力不足的問題，在此之前，幾乎所有構建手機軟體的努力都在這一點上功敗垂成，但眞正缺乏的是多任務處理、記憶體和編碼能力，這是製作強大應用程式不可或缺的。R380 裡的程式是固定的，其他公司沒辦法爲它開發應用程式。但到 2002 年，索尼與易利信兩家電子巨頭的合併，透過引入對 Symbian 的擴充來改

時間線

1997	2001	2002
第一個智慧型手機展示	第一個 3G 網路	第一個智慧型手機應用程式

應用程式革命

智慧型手機問世的頭十年裡，缺乏主流電腦市場長期以來認爲理所當然的東西：一個充滿活力的軟體市場。多種裝置的激增，最重要的是，向智慧型手機使用者進行營銷，並說服他們花錢購買額外軟體，其難度極大，這代表高品質的軟體稀缺。蘋果的 iPhone 和谷歌的 Android 市場完全改變了這一點。獨立開發商第一次眞正希望透過開發吸引人的高品質軟體，並直接出售給手機使用者來獲利——這在家用電腦上是普遍做法。此外，數位分享提供了即時的可擴展性，無需透過 Apple 或 Google 以外的商店，即可接觸到每個手機使用者。幾乎在一夜之間，「應用程式經濟」成爲數位世界中最具活力的商業場所之一。

善這一問題，這是手機作業系統第一次允許第三方爲其開發應用程式。

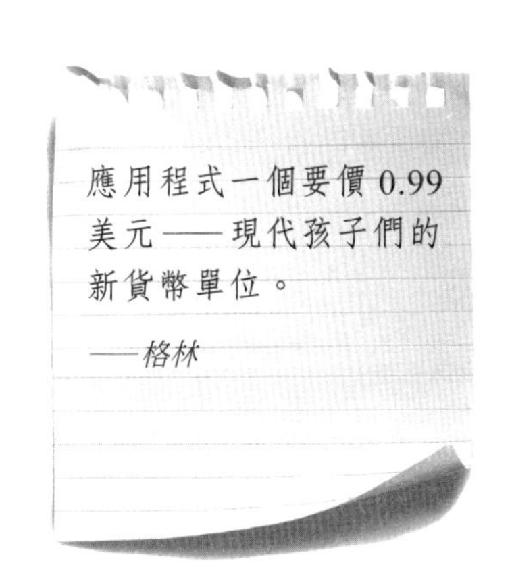

對數據的需求

2002 年也是黑莓（blackberry）宣布，從無線網路傳呼機升級成爲智慧型手機領域競爭者的一年。到了這個階段，隨著手機螢幕和軟體越來越複雜，跨手機網路傳輸資料的需求越來越強烈，第二代行動網路（2G）漸漸讓位給第三代（3G），具有大幅增強的資料傳輸能力。

第一個全面營運的 3G 行動網路於 2001 年底在日本推出，第二年在韓國推出。隨著這些更高速率的行動網路開始在世界範圍內建置，智慧型手機的可能性增加了——從精巧的隨機附屬軟體及介面，到眞正的線上服務、應用程式市場，和更複雜的動態網際網路內容。

2007 iPhone 面世

2008 Android 手機面世

iPhone時代來臨

轉折點是2007年，蘋果首席執行長賈伯斯（Steve Jobs）結束了眾人多年的臆測，發表了公司的新產品：將公司大獲成功的iPod（於2001年推出）與手機和一種新型瀏覽裝置的結合，配有功能齊全的行動版蘋果桌面網頁瀏覽軟體。

一年之後，與iPhone相仿的產品爭相上市——這一年，人們對智慧型手機的想像產生了根本性的變化。iPhone結合了適合觀看影像的大型高品質螢幕，和可與電腦提供的瀏覽體驗相媲美的網路瀏覽體驗。從2008年7月起，它還開放了世界上第一個眞正成功的手機軟體市場：App Store，到2011年1月，App Store的下載量達到100億次，其中包括40多萬種不同的應用程式。

iPhone的第一個眞正競爭對手於2008年推出，推出了第一款基於谷歌新行動裝置作業系統Android的智慧型手機：HTC Dream，也稱爲G1。這是第一款運行谷歌開放式作業系統的裝置，截至2011年初，已有超過50款基於Android的智慧型手機上市，並配有類似於蘋果App Store的數位Android Market，提供超過20萬種應用程式。

口袋裡的計算能力

今天，智慧型手機的繼續穩步增長，正如支援它們的數據網路開始向第四代高速存取過渡一樣。雖然智慧型手機在未來很多年都不會佔手機銷量的大部分，但這種計算能力存在於全球數以億計的人們口袋裡，已經對數位文化產生了深遠的影響。

具體而言，智慧型手機已經滿足了對社群網路、遊戲和行動工作的巨大且不斷增長的需求，以及能夠基於準確了解使用者位置的應用程式提供服務，這要歸功於大多數智慧型手機中整合GPS功能。透過智慧型手機進行媒體消費，變得越來越簡單和普遍，但它們也推動了「雙屏」（two screen）文化的興起，在這種文化中，同時使用智慧型手機增強了觀看廣播或現場活動的體驗，並透過社交媒體發表評論，與朋友

性能測試

隨著智慧型手機變得越來越先進，添加和改進功能的競賽有時已經接近抄襲。隨著相機、高分辨率影像、運動靈敏度、多點觸控螢幕、網際網路接入和 GPS 成爲標準，許多領域已經沒有改進的餘地。蘋果公司於 2010 年 6 月發布的 iPhone 4 擁有「視網膜螢幕」——解析度達到每英寸 300 像素，據說其細節與人眼從平均觀看距離所能欣賞到的一樣清晰。與此同時，諾基亞於 2010 年 9 月發布的 N8 手機，裝載一個能夠拍攝 1200 萬像素圖像的相機，大約是超高畫質（Full-HD）電視顯示細節的六倍。當然，所有這些功能都需要電力，這也是爲什麼在過去十年中，電池續航力幾乎是與手機相關的唯一一個下降的數據之一，電池續航力仍然難以達到任何智慧型手機的完整 24 小時高強度使用。

分享連結和反應，並即時關注全球對動作的反應串流。

正如對青少年媒體習慣的觀察，智慧型手機通常是現代人早上醒來時接觸的第一個物品，也是他們睡前使用的最後一件物品：人與數位技術的親密程度，以及手機擴大到工作和休閒的各個日常生活，這在十年前是難以想像的。

濃縮想法

給每一個人的計算能力，無處不在

20 惡意軟體

惡意軟體（Malware）是「malicious software」一詞的縮寫，正如其名稱所指：做壞事而不做好事的軟體。這也是一個巨大且不斷發展的領域，它與電腦和網際網路的發展密切相關。從病毒到特洛伊木馬，從蠕蟲到資料竊取，惡意程式的生態與網路世界的其他部分一樣多變和巧妙。

惡意程式是由其創建者的惡意（甚或是犯罪）意圖定義的，通常用於兩個一般目的之一：從不知情的使用者那裡獲取資訊，或劫持電腦，以便可以偷偷用於進一步的散布惡意程式，或進行其他非法活動。

隨著網路活動的增加，惡意程式的可能性也大大拓展。與此同時，由於許多提供線上服務的公司希望盡可能獲取使用者訊息，合法和非法軟體之間的界限越來越模糊。

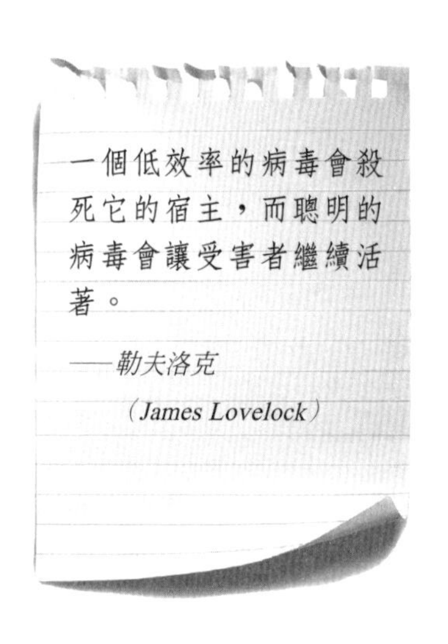

特別是，間諜軟體（spyware）領域——記錄和傳輸網路使用習慣和電腦使用資訊的程式——已經成為一些常用程式的重要組成部分。伴隨而來的是垃圾軟體的成長，這些軟體並非主動惡意而是不必要的，並且可以秘密地與其他程式包在一起，以試圖引導某人存取特定的網站或服務。

病毒和蠕蟲

最著名也可能是最古老的惡意程式類型是電腦病

時間線

1971
第一個自我複製程式，Creeper

1986
第一個特洛伊木馬程式，PC-Write

偉大的蠕蟲

歷史上第一個也是最著名的網際網路蠕蟲，是由康奈爾大學的學生莫里斯（Robert Morris）於 1988 年 11 月創造的，並以他的名字命名。莫里斯聲稱這是一個自我複製的軟體，它利用了早期網路的電子郵件指令中的已知漏洞，並在主旨中宣稱這是一個試圖測量網路有多大的無害項目。不幸的是，每次遇到聯網電腦時都引入七分之一的自我複製機制，意味著它將以極快的速度傳播，然後繼續使有限頻寬過載，甚至多次感染同一台電腦。當時的估計表明，它感染了大約 10% 有連線的電腦——總共 6 萬台電腦中的約 6000 台——並在維修、人工和時間損失方面造成了超過 1000 萬美元的損失。如今是麻省理工學院電腦教授的莫里斯成爲第一個根據美國 1986 年電腦欺詐和濫用法案被定罪的人，而他的蠕蟲促使世界上第一個電腦緊急處理小組的成立，以應對未來的此類事件。

毒。病毒是隱藏的、自我複製的程式，最早的例子通常是爲了好玩或由程式設計師作爲實驗而編寫的，而不是爲了眞正的惡意目的。在連線到網際網路變得司空見慣之前，此類病毒主要透過軟碟（floppy disk）上的受感染檔案進行傳播。到 1980 年代，透過早期的網際網路連結和電子郵件進行感染變得更加普遍，同時也有機會透過使用病毒作爲工具來牟利。

顧名思義，眞正的電腦病毒會「感染」特定檔案，然後這些檔案必須由使用者執行，病毒才能交付其「有效載荷」——即由其創建者指定的隱藏指令。可能從刪除硬碟上的關鍵檔案，到偷偷安裝隱藏程式，允許遠端控制電腦或監視其使用者的操作。

與病毒相比，蠕蟲是一種惡意程式，它能夠在網路中主動傳播自身，而無需有人無意中執行它。雖然病毒往往以特定電腦上的檔案爲目標，但蠕蟲的自我複製能力意味著它們可以對網路本身造成嚴重破壞，

1988
第一個網際網路蠕蟲，莫里斯蠕蟲

2004
Mydoom 蠕蟲使全球網際網路的速度短暫地降低了 10%

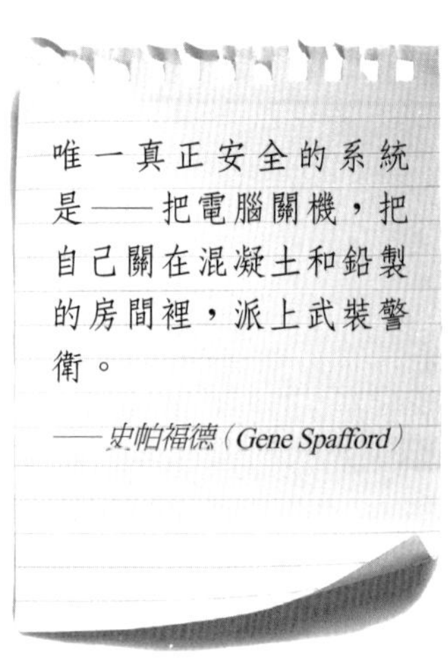

消耗頻寬並阻止正常流量。

木馬程式

在維吉爾的《埃*涅阿斯紀*》*中*，古希臘人躲在作爲禮物送給特洛伊人的巨大木馬中，進入了被圍困的特洛伊城。特洛伊木馬程式（通常簡稱爲木馬）同樣看起來很吸引人，但其中包含惡意隱藏代碼。

木馬程式具有多種可能性，從劫持使用者電腦的病毒或蠕蟲，到破壞性較小的強制執行，例如在瀏覽器中安裝贊助工具欄或在瀏覽期間顯示廣告。

木馬可能安裝最危險的軟體之一是鍵盤記錄器，它會記錄電腦上的每一個鍵盤輸入，然後將其傳輸給其創造者。

木馬也可能安裝廣告和間諜軟體。這些會強制電腦使用者使用不需要的廣告和贊助連結，並在未經使用者同意的情況下將訊息和潛在的個人資料傳輸給第三方。傳統上，這種惡意程式在點對點檔案共享網路，和更惡名昭彰的免費線上軟體中都是一個問題。一些軟體佔據了許多人認爲是間諜軟體狀態的灰色區域，將有關使用者查看歷史的數據發送到中央伺服器。若在明確的使用者同意下才能完成，就能清楚地將此類程式與眞正的惡意程式區分開來。

防毒

防堵惡意程式是一宗主要的商業服務，但防毒最重要的動作是確保電腦的作業系統和防毒軟體保持最新版，因爲系統商會定期發布新版本的軟體，以消除攻擊者利用已知漏洞編寫惡意程式。防毒的第二個常識是不執行或打開未知來源的程式或訊息。

除此之外，大多數現今電腦都配備了某種形式的防火牆（firewall），即防止未經授權的網路存取電腦的軟體。防毒程式也被廣泛使用，免費和付費版本皆可供下載並在新電腦中使用；定期更新可幫助它們識別最新的威脅。

殭屍網路出租

電腦病毒或蠕蟲最有利可圖的潛在用途之一，涉及創建受感染電腦群的隱蔽網路——有時這些電腦被稱為殭屍（zombie）。殭屍電腦網路統稱為「殭屍網路」。這樣的網路可以由數千台或更多的電腦組成，在控制者的秘密控制下，控制者可以把網路出租，通常用於發送大量垃圾郵件，收集數據，或對特定網站發起協同攻擊，讓大量殭屍電腦重複存取該網站，由於流量的巨大增加可能導致它當機。這稱為阻斷服務（Denial-of-Service）或 DoS。世界上最大的殭屍網路被認為包含 3000 萬或更多台受感染的電腦，並且有能力每天發送數十億封垃圾郵件，或使幾乎所有網站當機，除最大和受保護最好的網站以外。此類服務是黑色網路經濟中越來越有價值的一部分。

大多數現代作業系統和瀏覽器都配備了安全警告和對潛在危險活動的雙重檢查。然而，現在越來越多的使用者最容易受到攻擊的時候，不是在他們自己的電腦上，而是在使用網路上的服務時，其寶貴的資料庫和個資為益加猖獗的職業數位罪犯提供了極大的誘惑。

濃縮想法
每一種資訊科技都有其寄生蟲

21 垃圾郵件

開發一些新世界後，總會有人試圖藉此牟利。開發可以免費使用的服務，如電子郵件和網際網路，被利用來圖利的機會幾乎是無限的。多年來，未經同意發送的電子郵件一直是資訊生活中令人痛苦的一部分。然而，每天發送的數十億條垃圾訊息只是有害連結、網站、部落格大陰謀的冰山一角，它們共同構成了對網路未來的最重大威脅之一。

垃圾郵件（spam）在 1990 年代初期首次引起公眾注意，當時電子郵件和網際網路剛開始向公眾開放。由於發送電子郵件的成本實際上爲零，因此可以自動向數百萬個位址發送大量未經同意發送的電子郵件，致力使毫無戒心的使用者存取特定網站，或做一些可能會爲發送者創造收入的動作。這種基本模式到今天仍然適用：發送數百萬條垃圾訊息既便宜又容易，很難追蹤幕後黑手，而且只需要一小部分人回覆訊息，即可產生足夠的收入來賺錢。

詞語來源

垃圾郵件一詞來自英國 1970 年的電視喜劇，派森的飛行馬戲團（Monty Python's Flying Circus），劇集描繪一間咖啡館，裡面幾乎每一道菜里都有名爲 spam 的罐頭火腿肉（來自 1937 年推出的「荷美爾五香火腿」的縮寫）。劇集最終以一首以「spam」淹沒所有其他台詞的歌曲而告終。這引起了公眾的想像，並在 1980 年代開始在計算機領

譯註：由於二次大戰後食物緊缺，spam 肉罐頭在歐美非常普及，已到了無處不在而令人厭惡的地步。

時間線

1978	1994	2000
首個已知垃圾郵件	首個重要的商業垃圾郵件	術語 SpaSMS 被用來描述手機垃圾郵件

網路釣魚和詐騙

1996年首次出現的術語網路釣魚（phishing）形容了垃圾郵件和惡意網站試圖從毫無戒心的使用者那裡獲取個資的常見策略，從電子郵件和帳戶密碼到銀行和信用卡詳細資料。與此同時，網路詐騙（scamming）是垃圾郵件發送者試圖從受害者身上獲取金錢的更普遍的作法，與經典垃圾郵件技巧相仿，例如要求收件人幫助僞造機構，或將大量錢匯至國外作爲減稅。網路釣魚詐騙則更爲複雜，藉由僞裝成合法服務或查詢來騙取個資。郵件看起來可能來自稅務服務、銀行、保險公司和知名網站——而轉址技術可以使它們看起來連線到合法網站。除了假網站，還流行用電話號碼，甚至是簡訊或即時訊息。有一種流行的詐騙手法要求人們撥打免付費號碼來查詢虛假貨運通知，實際上卻以國際電話高額費率花費大量通話時間。

域中，被引用來描述早期聊天室中的反社會使用者，他們會故意用大量的廢話塡滿螢幕（包括spam一詞）以淹沒其他使用者的對話。這也導致了一些電腦使用者將理想的電子郵件稱爲「火腿」（ham）的做法。

今天，即使是保守的估計也表明，垃圾郵件佔發送的所有電子郵件的四分之三以上，而發送者使用的技術也變得越來越刁鑽，以應付經驗老到的大衆。垃圾郵件發送者不是使用自己的電腦來發送郵件，而是透過大量被挾持的電腦所組成的殭屍網路。從網站和聯絡簿中自動收集電子郵件位址，以及隨後出售個資的小偷也越來越普遍，各種垃圾郵件發送者和資訊詐騙集團間的合作也益發猖獗。有幾個國家嘗試通過立法，將發送垃圾郵件定爲非法行爲，並懲罰發送者，但這些人傾向於將他們的活動轉移到另一個國家以規避法律。

垃圾網站

電子郵件是最著名的垃圾郵件種類，但可以想見，自動寄送數百萬

2003
首個自動化垃圾部落格

2011
預計整年將發送約7兆封垃圾郵件

與機器人交談

垃圾郵件的產生和傳播所涉及的數量，意味著其高度自動化，但自動化不僅限於發送巨量電子郵件。精巧的垃圾郵件機器人用於各種任務，從搜尋線上論壇以查找電子郵件位址，到發布假評論，以及規避眞人辨識發布的網站保護措施。一些機器人還被用來搜尋聊天室、IRC 頻道以及人們可能參與線上對話的任何地方，製作簡單的對話公式以試圖讓使用者點擊惡意連結，或透露有關他們自己的詳細個資。例如，聊天機器人可能會僞裝成連結色情網站的人、提供折扣卷，或者只是一個聽起來很有趣的個人網站。不可避免地，儘管公司經常更新安全程式並刪除垃圾帳戶以減少干擾，此類機器人如今也常出現在 Twitter 和 Facebook 等服務上。

條詐騙郵件以獲取暴利的想法在數位文化中很普遍。從即時訊息服務到手機上的簡訊，從線上論壇到社群網路上的群組，垃圾文章無處不在。垃圾評論也是部落格上的主要危害之一，通常自動生成，其中包含發送者網站的連結，目的是增加這些網站的存取量，並增加它們在搜尋引擎上的結果量。

除此之外，越來越多人採用自動生成整個部落格或網站，這些站點除了爲發送者的網站和產品增加流量外別無他用。垃圾部落格（有時簡稱爲 splog）往往包含從其他網站竊取或自動生成的內容，以及大量指向發送者自己網站的連結。據估計，多達 20% 的部落格包含此類垃圾，而全球每小時大約自動生成 100 萬個垃圾網站。當涉及醫療之類的熱門話題，垃圾部落格和網站的數量之多，使得透過搜尋引擎找到合法網站和訊息變得極其困難，尤其是考慮到今天許多垃圾網站的僞裝程度越來越高。

網路堵塞

垃圾郵件的數量和複雜性給網際網路帶來了實際問題，包括它佔用的網路空間和頻寬，對搜尋結果造成的損害，以及讓合法使用者花費時間處理信箱或網站上的垃圾。反垃圾郵件過濾器是一項主要業務，並且與垃圾郵件技術同時發展。這導致一些人傾向於只使用特定的、受信任的網站，而不是冒險開放式探索。

垃圾郵件的盛行還導致了對搜尋引擎 blekko 等服務的需求，該引擎於 2010 年推出，允許使用者僅搜尋已被其他人主動標記爲受信任、有用的網站，而不是簡單地由在頁面上找到含特定單詞的搜尋引擎。這也是透過手機應用程式而不是簡單的搜尋來使用網路的一個優勢——因爲在電腦上安裝軟體往往需要公司的批准，並須在流程中加入品管和生物辨識的元素。

憲法沒有強制我們聆聽或查看任何不想要的交流，不論是否有優點。

——美國最高法院的判決

垃圾郵件給世界消耗的總體成本極難估計，但它至少浪費了數百億美元的時間、空間和頻寬，以及控制垃圾郵件所需的程式和設備的支出。

濃縮想法
免費交流意味垃圾郵件的暴漲

22 隱私

網際網路是一種新型的公共空間：一個由互相連線的站點、服務和資源組成的網路，其中包含越來越多且有價值的關於世界和個人的資訊。不可避免地，隱私問題已成為數位時代最具爭議和最複雜的爭論之一。我們應該透露多少自己的資訊，或能看到多少他人的？

隱私（privacy）大致可分爲兩個領域。首先，有些事務旨在完全私密和安全，以防止所有外部存取，從使用網路銀行和購物服務，到存取電子郵件或社群網路帳號。其次是相對隱私的領域，其中的問題不僅是系統的基本安全性，還包括第三方應該可以看到哪些訊息和活動，以及哪些人歸屬於第三方。這涵蓋了從社群網站上的個人資料，到部落格作者、網路論壇的貢獻者、線上文章的主題或作者的線上訊息，甚至只是社群網路動態更新的所有內容。

線上身份識別

對於大多數使用者來說，網際網路並不是一個可以保證絕對隱私的場所。有幾種基本方式可以用來識別連線到網際網路的任何電腦設備，其中最重要的是網際網路協定位址（IP 位址），由小數點分隔的四個數字的形式表示，並爲網路中的每台電腦提供唯一的位址。

IP 位址通常（但並非總是）允許定位使用者的位置，並且在組織或個人用來排除黑名單上的站點時也很重要。網際網路服務提供商不僅可以獲得使用者位置的一般訊息，還可以獲得從個人電腦接收和發送的

時間線

1998
英國通過數據保護法

2007
谷歌街景發布

數據洩露

近年來，由於線上服務的系統存在漏洞，發生了一些最具爭議的線上隱私洩露事件。最近發生的最嚴重的漏洞之一是對 Gawker 部落格網站的駭客攻擊，該網路在 2010 年底揭露了一個駭客組織侵入了他們的伺服器，並獲得了 130 萬個使用者帳戶的詳細訊息。雖密碼仍是加密的，但簡單的密碼容易受到暴力法的攻擊——許多在其他網站用同一組帳號及密碼的使用者發現，他們的推特帳戶在駭客攻擊後，被用來傳輸垃圾郵件。

Gawker 遭駭客攻擊的事件，強調了為不同的線上服務使用不同的帳號密碼的重要性，以及使用不容易被猜到或被暴力解的複雜密碼的重要性。Gawker 事件中最常見的被駭密碼是：123456、password、12345678、qwerty、abc123 和 12345。

詳細資料。在正常情況下，法律禁止服務商進行任何深度的監控，但是在特殊情況下，可能會由政府當局要求服務商配合。基於這個理由，有些人使用匿名服務，目的就是向服務商隱藏上網過程的詳細訊息。

安全連線

對於大多數重要交易而言，網路隱私最關鍵的部分是加密（也在第 30 章電子商務中討論）。通常，網址以字母「http」開頭，代表超文本傳輸協定。然而，有時網址會以字母「https」開頭，表示該站點使用的是「安全」連線——通常也透過在瀏覽器視窗中出現鎖的圖示來表示。

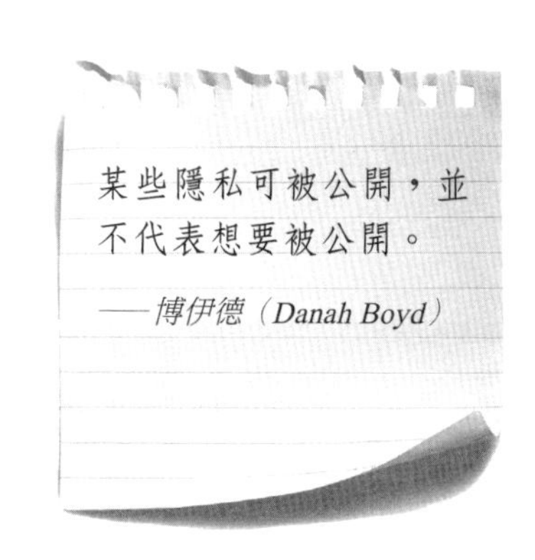

單擊鎖圖示會顯示相關網站正在使用的安全性詳細資訊。我們必須滿足許多條件才能使連線真正私密和安

全。首先，瀏覽器本身必須功能齊全且不受惡意程式的影響。其次，被存取的安全網站必須具有由有效認證機構支援的電子憑證。一旦建立了受信任的連線，數據就可以用加密形式在使用者和網站之間傳輸，這代表只有預期中的接收者才能讀取它，這要歸功於只能透過唯一密鑰進行解碼的複雜數學演算法。爲了使其保證安全，任何從中攔截的人都必須無法解碼。

Cookies

加密和認證是最敏感的線上互動的基礎。然而，對於大多數普通的線上活動，最常見的潛在隱私洩露集中在 cookies —— 自動儲存在網路使用者電腦上的訊息片段，以允許網站記住使用者的偏好，或提供複雜的界面。

大多數 cookie 是善意的，是網路瀏覽的重要組成部分，但它們的半隱藏性質，代表有些 cookie 可用於監控使用者額外的網路活動。特別是，第三方在某些網頁中安裝的「追蹤 cookie」可以讓廣告商觀看使用者瀏覽記錄並利用。所有現代網路瀏覽器都允許使用者啟用或禁用一般的 cookie，尤其是第三方 cookie，儘管某些網站聲稱需要安裝才能正常執行。

共享訊息

除了駭客攻擊或使用惡意程式之外，現代網際網路上隱私的最大危險來自於網路使用者對隱私和各種線上服務的隱私設定的認識不足，以及某些資訊如何使每個人都可以收集和利用，包括營利機構和竊取個資者。

大部分問題在於，許多鼓勵使用者提供個人詳細訊息的網站上，其預設隱私設置所公開的資訊及能見度，遠比使用者想像的更多。查看和更改隱私設定，應該是任何人在使用牽涉個資的服務後，必須做的第一件事。了解哪些個資可被任何人看到，哪些個資可以被共享網路或群組成員查看，及哪些資訊只有被標記爲朋友的人才能查看，這一點至關重要。

網路對您了解多少？

2011 年 1 月，英國版《連線》雜誌印製了數量有限的「超個性化」封面，以展示可以在網上找到多少關於個人的訊息。發送給選定讀者的封面完全依賴於開放的線上資源，包括經過編輯的選民造冊、公司大樓、土地註冊處、社群網路上的公共資訊，以及與朋友和家人有關的更新和素材，這些資料都相互引用。一些單獨處理的封面包括詳細個資，例如手機號碼、生日、地址、最近觀看、最近購買、配偶和小孩的詳細資訊，及最近參加的活動。正如編輯所說，我們已經刪除了資料庫，接收者不必擔心這些數據會發生什麼：他們只會收到一份帶有他們個人數據的副本。但你知道數據會永遠留在那裡，不是嗎？

立法

也許最重要的是，網路隱私的未來發展方向掌握在政府和企業手中，取決於公民隱私權，和公司透過收集和交換消費者習慣數據而獲利之權利的立法和談判。從英國 1998 年的數據保護法案，到加州 2003 年及以後的線上隱私保護法案，針對這些新挑戰的政策已經制定了十多年。但是，只有在公眾完全了解數位隱私複雜、不斷變化的性質的前提下，保護才會真正有效。

濃縮想法
絕對隱私是一種稀有的數位商品

23 深度網路

全球資訊網由數十億個網站、服務和數據組成。然而據估計，這種可見的、可存取的數據僅佔網路上所有實際活動和資訊的 1% 以下。網路的大部分訊息都位於普通網路使用者可搜尋的表層之下——因此以深度網路（deep web）用來形容這個黑暗和不斷變化的區域，有時也被稱為隱形或隱蔽網路。

深度網路不同於有時被稱爲暗網站的部分。暗網站是那些根本無法再存取的網站，由於流量引導過程中的斷線而變得不可見。深度網路確實能存取，但由於各種原因，搜尋引擎和普通網路使用者看不到這些站點。

也許一些常見的深度網路網站是動態的：也就是說，其內容和位置並不固定，而是根據特定查詢或需求所生成的，因此無法確定位址。像火車到站的即時訊息這種簡單的內容就可能包含在其中，因爲訊息在不斷變化，令其不能被永久索引或記錄。

資料庫是另一大類潛在的隱形網站，因爲許多大型資料庫不是簡單地列在可以被索引的網站上，而是儲存在伺服器上，僅作爲網路使用者查詢的結果出現，會產生帶有幾個結果的網頁，但大部分的資料庫仍是隱蔽的。

受密碼保護或具有禁止搜尋引擎和瀏覽器存取的私人內容的網站，也被有效隱藏。這也適用於社群網路等網站的大部分內容，這些內容不公開，需要帳戶和一定等級的權限才能查看。例如在 Facebook 上，儘

時間線

1994

隱形網路一詞被創造

管存在隱私問題，但不可能輕易瀏覽每個帳戶的所有關聯訊息，除非你是某人的朋友，否則你通常只能找到他們的姓名資訊。

深度網路的浩瀚……令我屏息。我們不停地翻動和發現事物。

——伯格曼（*Michael K. Bergman*）

最後，有些網站內容以搜尋引擎無法索引的格式存在，例如 PDF 檔案、書籍的掃描文檔、未標記的圖像檔案等。隨著搜尋引擎的逐步改進，使越來越多的此類內容可存取，但許多網站的內容仍然不透明，甚至網站未根據網路的標準約定完整建立。

越來越深

如上所述，深度網路存在的部分原因是搜尋引擎用於創建網站和線上資源索引的程式的局限性。搜尋引擎不斷改進，但深度網路的規模也在不斷擴大，這引起了許多人的擔憂，他們認爲網路的開放性是其最基本的優點。

無形的深層網路上內容增長的主要原因是基於網路應用程式日益複雜，以及儲存在資訊孤島（information silo）中的訊息量不斷增加，

手動交付

在私人檔案傳輸，嘗試存取或傳輸珍貴訊息的黑暗世界中，檔案傳輸並非總是有效率。例如，想得到電影或專輯的發售前版本，可能涉及從安全系統獲取檔案，在這種情況下，最簡單的方法可能是將檔案複製到磁碟或隨身碟上，而不是嘗試使用網路。同樣的，2010 年維基解密（WikiLeaks）的首次流出，是透過將文件從安全系統複製到隨身碟來實現的。用實體磁碟發布電子文件有時被稱爲使用球鞋網路（sneakernet），即依賴於人類（穿著運動鞋）傳輸的網路。對大檔案而言，這方式比電子傳輸更快，因爲搬動實體磁碟所需的時間可能比透過網路發送大檔案所需的時間短。

2002
微軟發布有關暗網檔案共享的論文

2003
開發了 WASTE 應用程式

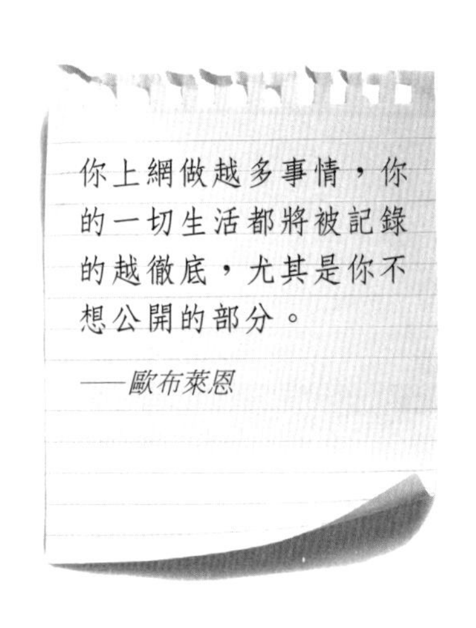

如無法與外部的其他系統交換訊息的封閉系統。其中。社群網路就是一個例子，涉及使用者資料的最複雜的線上服務也是一個例子，例如線上影像遊戲網站、商務和旅行的網路應用程式、銀行系統、專屬應用程式商店，以及越來越多的客製化電子商務網站對個人使用者的體驗。

在許多情況下，隱私對於個資至關重要。但更大的問題是一種專屬的——封閉，有時是付費的——線上服務，而非開放格式。例如，由於其行動和平板裝置的應用程式和作業系統的排他性，蘋果公司被一些人指責在網路上創建了大量資訊孤島，使用者大部分時間根本不在開放的網際網路上，而是在僅限在蘋果的軟體和硬體的封閉環境。同樣，隨著越來越多的付費存取或會員制系統圍繞新聞網站等線上資源運行，訊息和意見的公開流動被打斷，整個網路正在深度狀態中迷失。

暗網

除了隱藏的內容，網際網路還包含許多不同類型的私人或隱藏組。有時被稱爲暗網（Darknet），這些結構用於在普通網路使用者通知之外的封閉通信和檔案共享，可能用於非法或半非法目的。暗網一詞最早出現在 1970 年代的網路之前，指的是可以與 ARPANET（原始網際網路）互動，但出於安全原因，未出現在任何列表或索引中的電腦網路，並且在大部分不開放給普通使用者。

今天，暗網通常以僅基於私人對等互動的檔案共享網路爲中心。聯繫僅在相互認識和信任的兩個人之間建立，並可能隱藏雙方的眞實位置。此類互動不需要使用全球資訊網，若在不主動滲透網路的情況下，幾乎不可能被檢測到或關閉。

有很多促進此類檔案交換的軟體，例如 2003 年發布的名爲 WASTE 的程式，該程式的名稱來自品欽（Thomas Pynchon）小說的地下郵政系統 *The Crying of Lot 49 中*。WASTE 允許使用者建立分散的點

有多深？

估計可見網路的大小是一項艱鉅的任務，而估計深度網路的大小更加困難，但即使是保守估計，其大小也是可見網路的數百倍。大部分的數據都不是隱蔽或非法的，只是無法存取而已。根據某些估計，網路上最大的單一深度網站，是美國國家氣候數據中心（NCDC）的資料庫，這些資料庫是公開的，可以透過在網站上輸入查詢來進行搜尋，但不能被搜尋引擎索引。儘管擁有超過 6 億使用者，NCDC 資料庫大小仍排在 NASA 後面，但如今儲存在 Facebook 伺服器中的數據量甚至可能超過這些記錄。

對點網路，包括聊天、訊息傳遞和檔案共享協定等設施。它還提供更高等級的加密。

像這樣的去中心化網路實際上不可能關閉，因爲它們中沒有關鍵環節或衡量其範圍的方法。通常，構成一個單獨的網路的參與者可能不到 100 人，在他們之間共享檔案和訊息。這樣的網路既可以成爲網路行動主義的有效工具——例如共享數據，例如 2010 年向世界發布，惡名昭彰的維基解密，或網路恐怖主義；或僅用於私人交換合法、半合法或非法獲得的檔案，從電影到照片再到檔案都有。

濃縮想法

資訊世界的大部分位於海平面之下

24 駭客

今天，「駭入（hacking）」這個詞最常被用作貶義詞，用來形容違背擁有者意願闖入其電腦系統、網路或軟體的過程——無論是為了行為本身，還是作為某種訊息，或者只為了透過剝削牟利。然而，駭客的歷史和文化其實更多樣化，它代表了一個正在進行的地下數位世界，可以具有創新性和公共精神，儘管標榜自由主義為其精神。

人們認爲駭客一詞的數位語源可以追溯到 1960 年代的麻省理工學院，當時學生們第一次開始分析電腦軟體，並解決原始程式無法解決的問題和障礙—— 或者只是讓程式去做出超出其原始規格的功能。

「駭」這個詞在今天仍然存在，當程式設計師討論尋找「快速駭」或「難看的駭」，或者可能是「精妙的駭」，解決了軟體或硬體的特定問題，並允許程式在之前失敗的地方成功使用。在非常早期的電腦中，用於運行程式的記憶體極其有限，因此「駭」通常意味著將程式縮小到較小的大小，以使它能夠成功運行。

在這個時代，成爲一名駭客是一種恭維，這代表著成爲一名專家，有冒險精神的程式設計師。這個詞在數位世界之外還有更廣泛的意義，直到今天，它的意思是使用任何系統的非常規方式，並在必要時跳脫規則；正如麻省理工學院的一位早期校友所形容，聰明伶俐是必要的。對於某些人來說，駭客這個詞的意義仍是正面積極的。

盜用電話

到 1970 年代，駭客技術的另一支，以盜用電話線路（phone

時間線

1963

麻省理工學院首次在電腦領域使用「駭」

1971

Esquire 發表關於盜用電話線的文章

創客空間

雖然聽起來很險惡，但創客空間（Hackerplace）並不是電腦盜竊的巢穴，而是更像是一個公開的公眾實驗室，爲那些參與更非傳統的駭客行爲的人提供了實驗場所，如對 DIY 技術感興趣的人，以及對他們自己的數位工具和項目的使用和設計。圍繞這種 DIY 工作的亞文化也被稱爲「創客」（maker）文化，出現在一個對大多數人來說，電子設備的工作原理都像是一個謎團的時代。它強調人們實際上能夠建構和理解數位工具。今天，美國有 100 多個創客空間，致力於分享技能、設備、建議和專業知識——並慶祝非企業數位文化的可能性。在網上，部落格 Boing Boing 是創客文化產品的一個流行出口，其聯合創始人多克托羅（Cory Doctorow）致力於倡導獨立於硬體、軟體、商業模式和態度的約束之外的美德主張。

phreaking）的形式獲得了發展，即駭進電話系統以免費通話。這是透過多種技術完成的，透過吹口哨或以自製電腦模擬美國電話交換機中使用的音調來連接長途電話。相關的伎倆已經使用了幾十年，但直到 1970 年代，它才獲得了地下文化的地位，一些惡作劇變成了傳說，例如蘋果的共同創辦人沃茲尼克（Steve Wozniak）曾接通梵諦岡，並假裝是由季辛吉（Henry Kissinger，時任美國國務卿）打來的。

個人計算

能力雖然 1960 年代在麻省理工學院誕生的駭客文化，在早期的網際網路和學術機構中繼續發展，但微處理器的興起和隨後的 1980 年代個人電腦革命，將駭客概念及技術傳播給數百萬人。

那些使用電腦「駭」過數位安全系統的人也被稱爲劊客（crackers），許多仍想維持駭客積極意義的人也有意的形容這種破壞行爲。劊客可能是在 1983 年第一次出現在公眾視野。其一歸功於電影*戰爭遊戲*

1983
小學生駭客派翠克登上新聞周刊

1999
15 歲的男孩破解了美國國防部的電腦

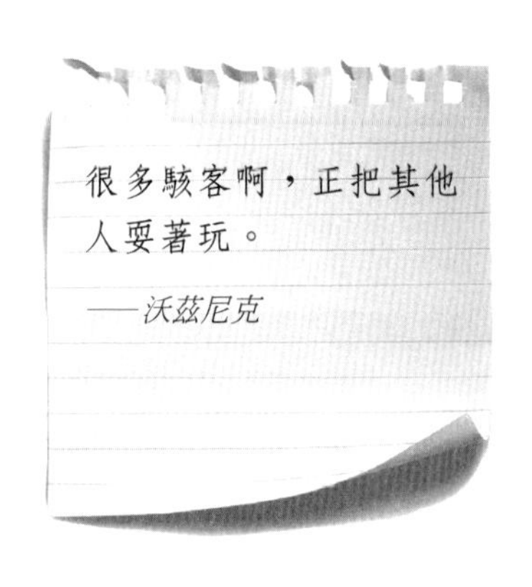

（*WarGames*）的上映，劇情描寫一個十幾歲的電腦天才設法透過入侵國防電腦系統來發動一場核戰爭。其二是駭客組織414的眞實案例，當年被FBI認定入侵北美多個安全系統。

如何破解？

大多數電腦劊客，要麼利用作業系統等軟體中的已知漏洞來存取敏感資料，要麼試圖用惡意程式滲透系統，以便秘密控制或設置一種隱蔽的後門存取方法。進一步說，最有效率突破安全科技的方式，是從使用者面著手，設法從系統相關人員那裡獲得帳號密碼，或內部機密使用權。

如第20章所述，用於控制電腦的惡意程式有很多種。感染通常透過電子郵件，或下載執行受感染檔案發生。常見的惡意程式類型包括木馬程式、病毒和蠕蟲；電腦很可能在使用者不知情的情況下被感染，從而爲訊息盜竊和作爲殭屍電腦對其他系統發起攻擊等途徑大開後門。

其他用於幫助破解的軟體包括漏洞掃描器和連接埠掃描器，它們分別探索上網的電腦是否表現出一些已知弱點，以及是否有任何埠口或數據存取點可入侵。如果未充分安全加密，透過網路傳輸的數據也可能被

駭客類型

駭客有許多類型，依網路上半官方的分類，從業餘到專家，惡意駭客團體等。主要群體包括黑帽駭客（black hat），傾向於從事惡意活動以牟取利益；白帽駭客（white hat），有正當理由進行駭客攻擊，例如測試安全布署；激進駭客（hacktivists），出於特定理由進行駭客攻擊，並引起人們對某議題的關注；腳本小子（script kiddies）缺乏專業知識，透過執行自動化腳本程式來進行基本駭客攻擊，以闖入電腦系統（此術語帶有貶義）；藍帽駭客（blue hats），他們爲官方電腦或安全公司工作，試圖識別和處理潛在的問題；和精英駭客，他們可能屬於一些陰暗的和有聲望的線上群體之一，被認爲是最熟練的駭客，也是新腳本、利用漏洞和破解聲稱安全的最新電腦系統。

分析軟體讀取。

比這些更複雜的技術比比皆是，利用從關於單一系統記憶體溢位的特定知識，到旨在隱藏電腦系統被篡改的所有證據的複雜「root kits」的所有知識。所有這一切中少有的確定是，入侵者和守衛之間的軍備競賽將無限持續，並且，新系統的構建者迫切需要最優秀的駭客技能。以期將劊客和惡作劇者拒之門外。

濃縮想法
總有人會打破規則

25 資訊戰

顧名思義，資訊戰爭是戰爭的數位版本：一個國家攻擊另一個國家，不是使用實體武器，而是攻擊電腦，旨在破壞或損害其數位基礎設施。隨著基礎設施在國家的進攻和防禦能力中重要性與日俱增，防禦網路攻擊和在必要時部署網路技術作為戰爭或間諜活動的一部分的能力，是現代軍隊的一個關鍵問題，其中涉及精心設計的演習、戰爭遊戲和技術創新。

與大多數其他非常規戰爭形式一樣，資訊戰涉及的遠不止軍事目標。針對一個國家的數位攻擊意圖在破壞其總體結構，尤其是其軍事技術、金融和經濟結構以及基礎設施。在所有這些情況下，數位技術與現實世界後果之間的鴻溝可能非常狹窄。股票市場是必不可少的數位實體，但具有深遠的現實意義。交通網路——公路、空中、鐵路和海上——都或多或少地依賴技術來營運，並且可能會受到數位攻擊的嚴重破壞。

同樣，能源和電信網路雖然運行在比全球資訊網更安全的網路上，但可能會因足夠先進的數位滲透技術而癱瘓。事實上，與透過攻擊不太安全的政府、商業機構對國家造成嚴重損害相比，資訊戰最大差別之一是攻擊特定的軍事目標相對困難和不便，這些目標往往由高度安全的封閉電腦系統操作。

技術

資訊戰爭中使用的技術大致可分爲：間諜技術，收集秘密訊息以

時間線

1999 塞爾維亞駭客攻擊北約系統

2007 美國歷史上最大的網路攻擊

獲得優勢；和破壞：對數位基礎設施的某個方面造成損害。在這兩者中，各種類型的間諜活動在全球舞台上更爲常見，各國可以從秘密收集敵對國家的訊息中獲益良多，但這並不完全構成戰爭，大多數間諜行爲不太可能被國家視爲戰爭行爲。與此同時，搞亂計畫和隨意破壞是個人或小團體更有可能使用的技術，並且可能由那些希望參與網路恐怖主義的人使用，對他們來說，造成最大破壞是最優先考慮的。

敵人會發現我們最弱的環節並利用它，無論它是公開的，還是屬於私人擁有或經營。

——*亞歷山大*

在過去十年中，網路反情報已成爲一個重要的投資領域，特別是自 2007 年俄羅斯對愛沙尼亞發起的突出網路攻擊以來。作爲回應，北約於 2008 年，在愛沙尼亞首都塔林和制定了一項關於網路防禦的官方政策，這一政策在其 2010 年峰會上得到重申，該政策聲稱「網路攻擊的快速演變和日益複雜化使得保護盟國的訊息和通信系統成爲北約的一項緊迫任務，是未來安全之所繫。

史上最大的攻擊

2007 年，美國經歷了一位前國務院官員所形容的「數位珍珠港事件」，當時一個仍然未知的外國勢力，闖入了許多人的電腦系統，和國家的高科技和軍事機構，包括國防部、國務院、商務部，也許還有 NASA。複製了數 TB 的數據——幾乎與維基百科的全部內容一樣多。大規模的安全漏洞是透過一種簡單的方法實現的：將惡意代碼放在隨身碟上，然後將其插入中東的某台軍用筆記型電腦，一旦在電腦上，惡意代碼就能夠透過機密軍事網路不動聲色地傳播。與維基解密網站 2010 年高調發布相比，這觸及了更高的安全層級。

2008
NATO 網路防禦政策形成

2010
美國任命首位資訊戰將軍

模擬資訊戰

模擬是訓練和模擬軍事行動潛在後果的最有效方法之一——這對於虛擬衝突尤其如此。2010 年 2 月，美國進行了一次此類模擬，模擬了如果美國數百萬部手機和電腦受到惡意程式攻擊，將它們變成一整個能夠遠端控制並對網站和網路發起攻擊的超大型殭屍網路時，可能會發生什麼情況。模擬歷時四天，許多前政府高級官員參與其中，數以千萬計的美國人與電網斷電，股市停擺，部分原因是政府控制和隔離私營企業的能力有限。手機等電子設備。部分是爲了應對這種模擬，美國和其他國家目前正在辯論在網路緊急情況下部署的緊急立法；2010 年 5 月，美國任命了第一位明確指揮資訊戰的將軍，亞歷山大（Keith Alexander）。

DDoS

2007 年對愛沙尼亞的攻擊針對商業、政府和媒體網站，並採取了最有效的攻擊形式之一：所謂的 DDoS 或分散式服務阻斷攻擊（Distributed Denial of Service）。在這些情況下，網站被數以萬計甚至數十萬次存取所淹沒，壓倒了其伺服器的運行能力。此類攻擊在 2010 年末再次成爲全球頭條新聞，當時它們既被用來針對有爭議的解密網站，隨後又被用於針對 PayPal 等企業網站精心策劃的一系列報復攻擊，這些網站被認爲是與反對維基解密者勾結。

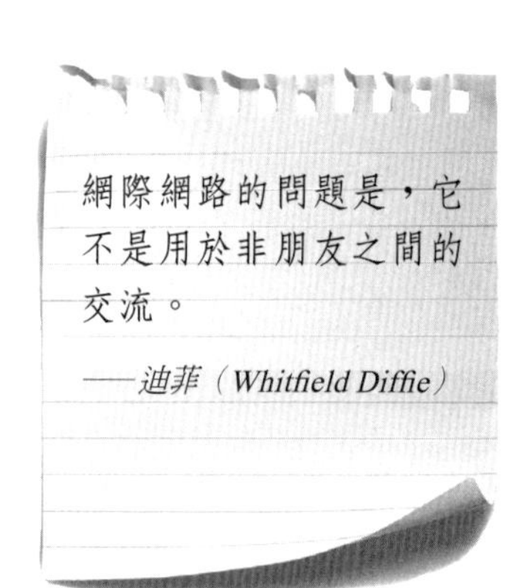

DDoS 攻擊是一種常見的網路攻擊形式，但要追蹤實施這些攻擊的人可能極其困難，因爲它們通常是利用駭客控制的殭屍電腦所部署。

其他資訊戰技術包括截取和修改數位訊息，以及破解加密，透過用惡意程式感染目標系統、從外部探測目標網路以試圖找到漏洞能，從中取得資訊，或透過使用加密破解，對執行軟體的硬體進行捕捉和逆向工程。

中國在網路間諜能力方面被廣泛認爲是世界領先的力量，這要歸功於在該領域的持續投資、熟練的人力以及使用志願公民部隊進行行動的意願。據報導，超過 30 家美國大公司遭受了源自中國的數位基礎設施攻擊——其中最著名的是谷歌，該公司將 2010 年初對其企業基礎設施的攻擊列爲將其業務撤出中國大陸的原因之一。但在國際範圍內，此類行動的能力正在增長，據估計，到 2011 年底，全球資訊戰部門的產值超過 120 億美元，使其成爲世界上國防開支增長最快的領域。

濃縮想法
網路是戰區

26 社群網路

社群網路是當前網際網路發展階段的決定性趨勢，因為網路正在穩步地從尋找和共享訊息的工具轉變為搜尋其他人並與之建立聯繫的工具。數位文化始終包含社會元素。但是，正是隨著專門用於社交關係的工具的想法——尤其是隨著 Facebook 的興起——這一想法已經在越來越多的當代生活中佔據了一席之地。

早期的社群網路服務在 1990 年代中期開始出現，並提供加強的聊天室服務，以跨電子布告欄和網路論壇所發展起來的社群爲模型。例如，theGlobe.com 由兩名康奈爾大學的學生於 1994 年創立。受到聊天室社交需求吸引力的啟發，該網站爲人們提供了加強的數位空間，供人們發布有關他們自己及其興趣的公開資訊。

theGlobe.com 成爲 1990 年代末網際網路繁榮的典型代表，創下了 1998 年上市時股價首日漲幅 606% 的記錄，然而一年內股價崩盤。其他網站表現更好：1995 年，一個名爲 Beverly Hills Internet 的網站（後來更名爲 GeoCities）開始邀請使用者在不同的線上「城市」主題中創建自己的免費個人網頁。

到 1990 年代末，已經建立了幾種不同類型的社群網路。有像 theGlobe.com 這樣的廣泛興趣社群，具有先進的使用者個人資料頁面以及創建和共享內容的機會；以及以美國 Classmates.com 爲代表的功能更聚焦的網站，它於 1995 年推出，旨在幫助人們與學校和大學的同時代人們重新建立聯繫。受 Classmates.com 的啟發，英國網站 Friends

時間線

1994	1995	2000
theGlobe.com 成立	Classmates.com 成立	Friends Reunited 成立

Reunited 於 2000 年推出。與此同時，1997 年推出的 AOL Instant Messenger 等服務正逐步進入主流，其亮點爲即時訊息和使用線上朋友的即時聯繫人列表。

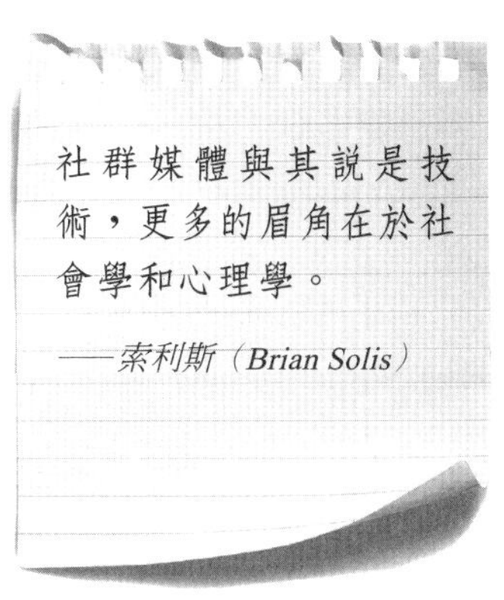

從目的地到中心

到 2000 年底，數以百萬計的人在各種社交網站上擁有個人資料——並且可能每週或每月存取幾次，以了解他們的交友網路發生了怎樣的變化。社群網路是線上目的地。但它們還不是線上體驗的主要部分。

隨著一種名爲 Friendster 的新型社交網站的推出，這種情況在 2002 年開始發生變化。Friendster 的設計不僅是爲了幫助人們與老同學或有相似興趣的人建立聯繫，而且還是一個更廣泛的線上目的地，存取者可以在其中隨意瀏覽個人資料，與現實生活中的朋友輕鬆聯繫，分享媒體和訊息。

發揮的力量

社群網路最近最重要的發展之一，尤其是在 Facebook 上，第三方開發的應用程式日益增多。在這些應用程式中，最受歡迎和最賺錢的類別都是遊戲；「社交遊戲」一詞甚至被用來描述透過網路與朋友玩簡單遊戲的巨大流行。與大多數傳統電子遊戲，傾向於同時進行、耗時且身臨其境的遊戲不同，社交遊戲強調玩家在不同時間執行有限、重複動作的能力。這些可能涉及回答測驗問題，在拼字遊戲或國際象棋等遊戲中下棋，或者最流行的，在農場、城市或餐廳等虛擬環境中執行一些操作。在這些遊戲中，遊戲與勝敗無關，因爲它是關於建立越來越多的資源，並與朋友的寵物項目分享和比較。作爲此類遊戲中最著名和最受歡迎的遊戲之一，開心農場（FarmVille）在其巔峰時期在全球擁有超過 8000 萬玩家。

2002	2003	2004	2006
Friendster 成立	Myspace 成立	Facebook 成立	推特成立

商業社群網路

儘管在社交網站上花費的大部分時間都在休閒，但這種現象也對企業產生了深遠的影響。世界上最著名的商業社交網站 LinkedIn 於 2003 年推出，截至 2011 年 1 月，連接了全球超過 9000 萬份個人資料。LinkedIn 等網站的日益普及，其中包括完整的職業歷史、線上履歷、個人詳細資料，以及最重要的是連結、搜尋、聯繫和推薦相關領域其他人的能力，現在正在迅速改變許多公司的招聘流程，以及對找工作的態度。如今，線上自我簡報正成爲許多領域的核心技能——確保您生活中不起眼的細節，不會被任何快速瀏覽其他社交網站的潛在雇主公開。

Friendster 在一年內擁有超過 100 萬使用者，但在 2003 年推出類似網站 Myspace 後很快被超越。Myspace 模仿 Friendster 的功能，但更努力地吸引新使用者，到 2006 年慶祝其第 1 億個帳戶。它不僅成爲與朋友交流的主要場所，而且成爲探索流行文化、發現新樂團、分享音樂和影像，以及極小衆志同道合者在網路上搜尋與互動的主要場所。

Facebook

儘管 Myspace 正在慶祝它的勝利——它於 2005 年被新聞集團以 5.8 億美元的價格收購，Facebook，一個在 2004 年爲給大學生保持聯繫所成立的競爭者，悄悄迎頭趕上。Facebook 由哈佛學生馬克・祖克柏（Mark Zuckerberg）創立，並於 2004 年 1 月以 thefacebook.com 的形式推出，第一年，Facebook 從僅限哈佛的會員到其他美國大學，然後是高中，最終在 2006 年向 13 歲或以上的所有人開放。Facebook 在 2008 年達到了 1 億使用者，2009 年達到了 2 至 3 億的使用者，到 2010 年年中達到了 5 億。截至 2011 年 1 月，總數爲 6 億，並且仍在增長。

譯註：2020 年初，Facebook 擁有 26 億活躍使用者。

另一個里程碑發生在 2010 年底，當時 Facebook 首次超過谷歌，成爲美國存取流量最大的網站。Facebook 取得巨大成功的原因是什麼？一個原因無疑是自我增強：新使用者加入這個世界上最大的社群網路比加入任何其他網路都更有價値。不過除此之外，Facebook 還表現出積極的意願，將構成線上關係結構的幾乎所有主題都納入社群網路的結構：內部電子郵件和訊息傳遞系統圖片分享；邀請、活動、社團、社會團體和集體請願；粉絲專頁和詳細的個人頁面；也許最重要的是遊戲和應用程式，以及將它們與許多其他網站和線上活動聯繫起來的機會。

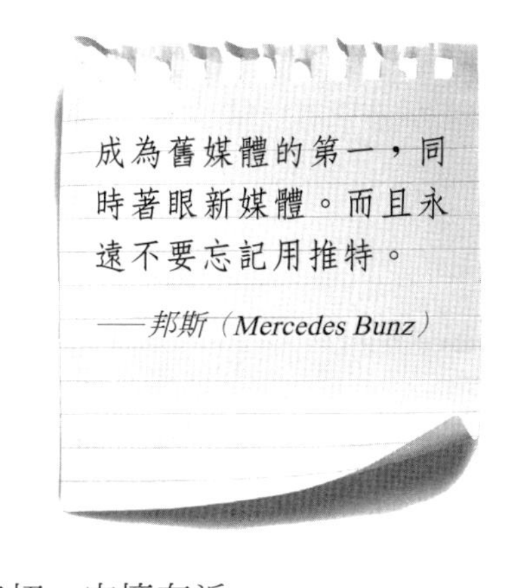

推特

近年來，唯一對 Facebook 產生類似影響的其他社交服務是微網誌網站推特。它於 2006 年推出，允許成員互相關注不超過 140 個字符的「推文」——到 2011 年初，它擁有近 2 億使用者帳戶。

這種將網際網路體驗爲即時更新和連結串流的轉變可能是社群網路帶來的最大轉化。因爲對許多人來說，它標誌著新的公認數位動態的出現，網路世界主要不是作爲等待搜尋的無限資源，而是作爲朋友和聯繫人的即時網路，發送和接收即時訊息。這個社群網路（多虧了智慧型手機和移動裝置，許多人現在將大部分時間花在上網上）代表了數位技術歷史上最深刻的轉變之一。

濃縮想法
社群網路是資訊時代的未來

27 遊戲機

遊戲一直是推動技術普及的最重要力量之一。1972 年，由於第一台遊戲機的出現，許多家庭使用者第一次嚐到了電腦的滋味，它既可以在家中，也可以在工作中，或在學校中體驗：這是一款完全專用於玩影像遊戲的家用電腦。如今，遊戲機市場價值數百億美元，在全球有數億台。

隨著美格福斯（Magnavox）Odyssey 的發布，電子遊戲機的世界開始於 1972 年。它的發明者貝爾（Ralph H. Baer）在當時的革命性想法，即他的簡單電腦可以直接連線到電視機來生成圖像，而不需要昂貴的螢幕。這台機器吹捧各種簡單的遊戲，但營銷不佳，未能產生太大影響。同樣在 1972 年發布的產品，美國新公司雅達利（Atari）的街機遊戲 Pong，成爲世界上第一個商業成功的電子遊戲。它是在街機上遊玩而不是在家中，但它本身的靈感來自美格福斯上的乒乓球模擬遊戲。雅達利和美格福斯後來就抄襲一事達成庭外和解。然而當 1975 年，兩家公司都發布了專用於玩 Pong 的家用遊戲機時，眞正開啟了家庭遊戲市場的是 Pong。

雅達利很快在年輕的遊戲機市場佔據主導地位，1977 年發布了雅達利 2600 遊戲機（當時稱爲雅達利 VCS），它普及了購買遊戲卡帶的原則，只需將卡帶插入機器即可玩。在家用電腦對於初學者來說還不親民的時代，遊戲機在易用性方面取得巨大優勢。

在日益增長的街機遊戲熱潮的支援下，遊戲機市場的下一個里程

時間線

1972	1977	1983
第一台遊戲機美格福斯 Odyssey 推出	雅達利 VCS（後來的 2600）推出	任天堂娛樂系統推出

眾所周知的風險

設計和販賣遊戲機對公司來說是一項非常昂貴且風險巨大的業務，需要在研發上進行大量投資，並在玩家的善變上下注，和引起短期消費者的興趣。不可避免地，歷史上充斥著許多故障和性能不佳的主機。第一款遊戲機，美格福斯 Odyssey 本身表現不佳。而後進者雅達利在不久後被任天堂和世嘉超越。1993 年，雅達利發布了一款名爲 Jaguar 的遊戲機，旨在從競爭對手手中奪回遊戲主導地位。不幸的是，這台遊戲機被證明是該公司最後一款尖端遊戲機。1993 年，松下（Panasonic）試圖透過一款名爲 3DO 的遊戲機進入市場，也遭遇了類似的商業命運，而世嘉在其 1998 年的遊戲機 Dreamcast 未能從任天堂和索尼手中奪回失地後，退出了遊戲機製造業務。

碑出現在 1980 年，當時雅達利發布了新街機熱門遊戲 *Space Invaders* 的家用版本。未來看起來頗有前景，但在 1983 年，市場過剩和品質不良導致北美遊戲市場崩潰和破產潮。

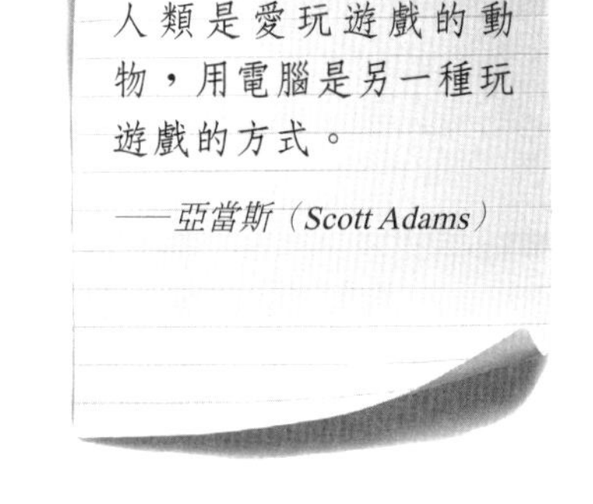

日本的崛起

1983 年的崩盤在市場上留下了一個空窗，日本公司任天堂（Nintendo）在發布其在日本廣爲人知的任天堂主機（Famicom）時完全利用這個空窗。重新命名爲任天堂娛樂系統（Nintendo Entertainment System）以供全球發行，這款紅白色的機體預示著家庭娛樂的進一步革命，這要歸功於其品質和可用性的堅強組合，以及一款銷量超過 4000 萬份的作品，還塑造世界上最偉大的遊戲偶像——超級瑪利歐兄弟，

1980 年代後期和 1990 年代很快成爲兩家日本公司，任天堂和世嘉（Sega）之間激烈競爭的時期，它們爭奪利潤越來越豐厚的遊戲機領

1994	2001	2006
索尼 PlayStation 推出	微軟透過 Xbox 進入市場	任天堂 Wii 推出

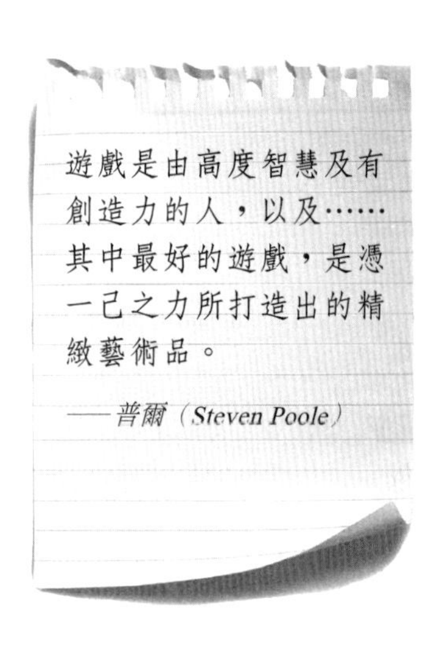

域的主導地位，世嘉 Mega Drive 遊戲機與超級任天堂主機犄角相爭。然而，隨著 1994 年底，新競爭對手索尼（Sony）的出現，權力的平衡再次發生了變化。索尼 PlayStation 成爲第一款銷量超過 1 億台的遊戲機，憑藉其 CD 品質的音效、令人眼花繚亂的視覺效果和巧妙的營銷方式，幫助將遊戲機帶給了更多的成年新觀衆。

與此同時，任天堂在另一個重要市場——掌上遊戲機——這一領域日益佔據主導地位，該市場由 Game Boy 於 1990 年所定義，部分歸功於標誌性的俄羅斯方塊（Tetris）。2004 年發布的任天堂 DS 主機，同樣在新的十年中徹底改變了市場。

新革命

直到今天，遊戲機市場以穩定的周期或「幾代」機器繼續增長。2001 年，另一位新玩家，軟體巨頭微軟及其 Xbox 遊戲機，進入了這一領域，家庭遊戲銷量繼續飆升，遊戲機的圖像和聲音提供了更加複雜的體驗。

然而，也許來自遊戲機世界的最重要的創新出現在 2006 年，任天堂的第七代遊戲機 Wii。Wii 標配動作感應元件，截至 2011 年初已售出超過 7500 萬台，由於其控制方法前所未有的可變性，它幫助改變了大衆對遊戲和一般數位技術互動的看法。隨著 2010 年 11 月爲最新版本的 Xbox 推出 Kinect 系統，微軟適時地將這種互動向前推進了一步，不透過空中移動操縱桿的運動控制系統，而是基於能夠簡單地移動的相機。追蹤身體的運動。

在遊戲機的領域，尤其是一般的影音遊戲，一直引領著數位世界：將圖像、聲音和介面的革命性進步帶給大衆，並使技術更容易獲得和更具吸引力。遊戲機的未來越來越不僅僅是作爲遊戲機，而是作爲家庭媒體中心：串流媒體電視和電影、管理玩家的遊戲和休閒社群、儲存數位媒體並提供新型互動體驗。但所有這些都與它們最基本的功能相一致：

商業天堂

現代遊戲的開發成本是驚人的昂貴——同時也有利可圖。2008 年推出的*俠盜獵車手 4*（*Grand Theft Auto IV*），零售價僅 50 美元，但其開發成本近億，足以與拍攝好來塢電影相媲美。然而，這款遊戲在發售的前五天就達到了 50 億美元的銷售額，成爲當時歷史上最賺錢的娛樂產品；第二年，動視（Activision）的*決勝時刻 2*（*Modern Warfare 2*）打破了這一記錄。鑑於動用數以百計的設計師從頭打造沈浸式的遊戲世界，而這樣的世界是能完全與之互動的，並含有潛在的數百個小時的遊戲內容，這樣的遊戲確實是有史以來最複雜的數位產品之一。

挖掘人類基本的玩遊戲慾望，並幫助在數位時代牢牢打下烙印，在這個數位時代，工作和休閒之間的界限越來越模糊。

濃縮想法
遊戲機推動數位革命

28 混搭

數位文化最核心的特徵之一是對現有媒體（影像、圖像、聲音、文字）的操縱和重組，以創造新作品：混搭（Mashup）。這些流行文化產品通常是喜劇或模仿作品，從花幾分鐘修改圖像，到曠日廢時精心重新剪輯的電影模仿或致敬都有。與此同時，混搭背後的核心價值遠遠超出了本身，涵蓋了資訊、應用程式和將現有資源組合成新事物的力量。

將現有材料重新組合成新的創意作品是一個古老的想法。但是，將不同元素混搭到新作品中，也體現了與數位文化相關的一項基本原則：內容的存在是爲了共享和重複使用，並且應盡可能相互兼容。

它可能與許多既定的版權和知識產權法律概念發生根本衝突，但也有助於推動創造力和原創性的新概念。而且，與其他許多事情一樣，由於數位複製和操作的簡便性，幾乎每個擁有電腦和網際網路連線的人都可以參與這項活動。

混合媒體

漫畫，自 1980 年代的前網路時代以來，一直是網際網路的主推手。但是，隨著網路興起帶來的頻寬和數量的增加，混搭文化才完全擴展到其他媒體，並在音樂和影像中達到了百花齊放的現代形式。

取樣和混合多首歌曲的音樂傳統，幾乎與錄製音樂本身的技術一樣古老。然而，使用數位工具創建的音樂混搭，讓精確度和複雜性達到了新的高度── 以及傳播和模仿。諸如 2001 年首次出現的「眞命天女與超脫合唱團」（Destiny Child v Nirvana）等曲目，以線上形式展示

時間線

2000
網站 machinima.com 上線

2001
2 many DJs 發行第一張混搭專輯

梗圖和貼圖討論區

最有名的——或惡名昭彰的，取決於你的觀點——過去五年線上文化的產品之一是梗圖（lolcat）：一張可愛的貓照片，透過添加標題重新塑造娛樂性，通常使用拼寫錯誤，如：我可以吃起汁漢堡嗎？（I can has cheezburger?）是最具標誌性的標題之一。2005 年首次出現在圖像板網站 4chan 上，梗圖只是線上「圖像巨集」的一個例子——圖像上疊加了通常幽默的文字。這幾乎是最簡單的混搭，最流行的圖像巨集的輕鬆創建和分享創造了大量的網際網路迷因，在梗圖的推波助瀾下，一個完整的「喵語」（lolspeak），它現在能吹噓幾乎完整的喵語聖經（來自約翰福音 1:1 的樣本，In teh beginz is teh meow, and teh meow sez "Oh hai Ceiling Cat" and teh meow iz teh Ceiling Cat.）。

譯註：原文為：太初有道，道與神同在，道就是神。From the first he was the Word, and the Word was in relation with God and was God.

了高度複雜的音樂和影像混合技巧。它們還表明，業餘創作和商業產品之間的界限越來越模糊，特別是考慮到娛樂界願意授權其最流行的迷因（mene）和混搭作爲重製。

顛覆與情感相結合，是許多混搭的共同主題，其中一些最引人注目的也被稱爲「混音」（remix）。這些包括重新剪輯電影預告片，和添加新的配樂以給人一種轉換感：將*阿甘正傳*（*Forrest Gump*）*弄*成像恐怖電影，或者將*阿呆和阿瓜*（*Dumb and Dumber*）弄成科幻驚悚片。由 VJ（DJ 的影像版本）導演，基於影像和聲音混搭的更高級的表演藝術，在現場活動中也越來越普遍。

粉絲作品

互動和網路媒體在想像世界中成功創造了衆多發聲和創意的粉絲

2005
第一個梗圖出現在網路上

2005
谷歌地圖推出，它能夠匯集到其他網站

實機電影

混搭的現代文化涵蓋互動媒體和線性媒體——其中一個特別令人感興趣的領域是在影像遊戲中，使用角色來演出相當複雜的電影。這種做法在2000年發表的網站中被稱爲實機電影（Machinima），是「機器電影」（machine cinema）一詞的變體縮寫。粉絲利用遊戲的複雜圖形環境和他們對遊戲中角色的控制作爲劇院——錄製精心編寫的劇本，然後像眞實電影一樣處理它們，包括配樂、剪輯、淡入淡出甚至線上預告片。原創、諷刺和重演作品都很受歡迎；近年來最受關注的項日包括2006年電視喜劇*南方公園*的其中一集*做愛做的事，不要魔獸*（*Make Love, Not Warcraft*），在遊戲中出演劇本。實績電影的流行促使遊戲廠商解釋了許可條件，最引人注目的是魔獸世界營運商的「致實機導演們的信」，允許大多數非商業實機電影的許可。

群體，而基於原創材料改編的粉絲製作的品質和數量在「粉絲作品」（fan labour）的概念中得到了認可。這句話本身就是對原創材料的二次創作，和觀衆隨後對該材料的重利用之間模糊界線的承認，越來越多媒體公司和創意工作者試圖在兩者之間保持一種有價値的平衡。

混搭只是這個問題的一個方面，但爲粉絲和製作人提出了一些最緊迫的問題，因爲它們不僅涉及使用創意作品中的角色和想法，還涉及大量重複使用圖像、聲音和其他元素內容。最激進的方法之一是從一開始就有意讓創意資產可供粉絲重複使用——從腳本到圖形模型、環境、樣本和配樂。一個顯著例子是英國樂團電台司令（Radiohead）2008年發行的單曲《*紙牌屋*（*House of Cards*）》，其中包括主唱湯姆·約克（Thom York）的宣傳影像，該影像完全基於在他唱歌時即時掃描的3D影像。這些資料在網上公開發布，允許歌迷根據原始資料來發揮創作音樂影帶。

混搭應用程式

雖然媒體和娛樂可能是最熟悉的混搭形式，但該名稱也適用於從多個來源獲取資訊或功能，並將它們組合成新事物的應用程式。透過從資料庫中收集數據，並將其與其他數據和功能（例如映射和分析工具）相結合，混搭應用程式可以提供一些最強大的開放網際網路 2.0 工具，並且漸漸被認爲是從電子政府到開發的所有事物的重要資源經濟學。

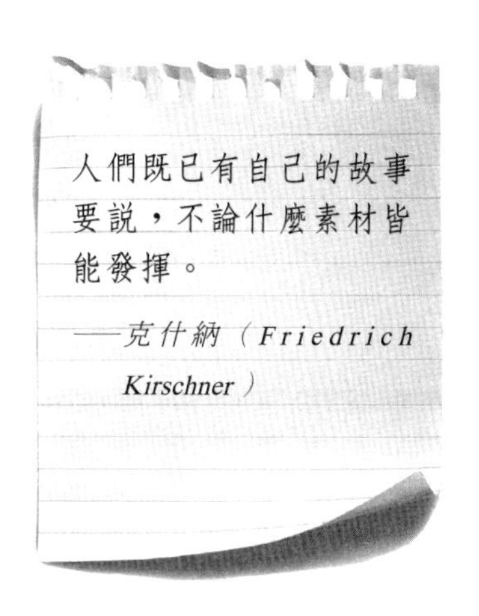

一個典型的例子涉及數據可視化：在英國，政府發布的公共數據，從犯罪統計數據到本地服務的位置，促成了大量的混搭程式，在地圖上繪製這些數據，提供可視化和比較工具，並使用它繪製全國的社會和經濟趨勢圖。政府透過以適合重複使用和重組的格式發布數據，積極鼓勵這種方法，旨在鼓勵小型數位公司探索組合不同數據集和工具的可能性。

美國的類似方法基於來自多個來源的官方數據，產生了強大且流行的應用程式：從顯示覆蓋在谷歌地圖上的區域失業趨勢的就業市場瀏覽器，到數據粉碎機（data masher）允許其使用者選擇數據，然後以圖形方式顯示它們，並對其進行分析。

與藝術混搭一樣，將不同的數據和資源組合起來的想法，並不是在數位時代才產生的新鮮事物：例如，在 19 世紀，藉由繪製疾病爆發的地圖，才首次了解受污染的水與霍亂傳播的關係。

濃縮想法
數位媒體意味著永久的混搭

29 文化反堵

文化反堵（Culture jamming）是一種干擾，與戰爭期間某方可能試圖破壞無線電通訊的意義相同：它旨在破壞和顛覆主流文化訊息，通常是為了諷刺或政治目的。鑑於可以輕鬆操縱數位媒體，文化反堵廣泛地形容了整個線上活動和「另類」場景，該場景本身已經足夠成熟，值得進一步諷刺和顛覆。

文化反堵本身的想法早於數位時代，起源於古老的狂歡節和顛覆儀式，以及最近的 20 世紀藝術運動，如情境主義（Situationism），旨在強調許多日常慣例的荒謬性。許多反消費者運動，如成立於 1989 年的 Adbusters，一直試圖用各種形式的對廣告、品牌和大眾消費的諷刺來「反堵」主流文化。

這種顛覆對數位文化的適用性，導致了網路現象前所未有的多樣化——部分原因是數位創作的便利，與文化反堵既不創造也不分享商業產品的事實相匹配。在早期，網際網路本身在文化主流之外，還經常反對主流文化，而這種精神今天在許多網路空間中繼續存在，在這些空間中，任何形式的諷刺或謾罵都不會被認爲過於極端，並且若在其他地方可能會招致法律訴訟的內容，可以相對安全和匿名地發表。

在所有早期解構主流文化的網際網路場所中，最惡名昭彰的可能是各種漫畫圖片板和邪典網站，這些網站的內容包括諷刺篡改的照片、反建制惡作劇和諷刺評論。一個這樣的網站，Something Awful，成立於 1999 年，此後在其論壇上聚集了一群著名的無政府主義支持者有時並

時間線

1957
情境主義國際集團成立

1989
廣告剋星雜誌成立

硬體反堵

對於那些認眞反堵他們生活中無用文化標籤的人，網際網路上有豐富的「開源硬體」操作手冊，用於組裝設備。這些範圍從能夠關閉公共場所裡任何沒在用的電視遙控器，到干擾手機信號的機器，以及低技術產品，例如貼在衣服上的假名牌標籤。這種裝置的精神可以概括爲「掌控你周圍的資訊」，與創客文化和混搭藝術相結合，這些行動都邀請個人不要被動地消費當代文化，而是去探索和玩耍它——並保留完全拒絕當代元素的權利。

並自稱爲「暴徒」（goon）。

除了在論壇本身諷刺解構許多主流目標之外，暴徒們還以在流行的網路遊戲和虛擬世界中組織玩家群體而聞名，其明確意圖是破壞普通使用者的遊戲體驗——一種虛擬文化反堵形式，這行爲也表明，當今許多數位文化就已足夠主流，因此其本身就値得反堵。

政治文化反堵

線上社群創建和傳播對事件的反應的絕對速度，使得數位文化反堵特別適用於快速變化的領域，如政治——這一趨勢在 2010 年英國大選期間充分體現。保守黨的一系列海報使用了「我以前從未投票過保守黨，但是……」的標語，在幾小時內被惡搞，並在網上發布，連結到成千上萬的人，其變化範圍從「我以前從未投票過保守黨……因爲我 7 歲，喜歡新恐龍戰隊（Power Rangers）」到「我以前從未投票給保守黨，但對社會恐慌」。

該活動迅速引發了一個網站、一個 Facebook 群組和推特上的一個熱門話題——以及競選活動主流內部的爭議，因爲工黨議員與涉及發起反堵並對其發表評論。

2003 桑托倫爭議肆虐

2010 反堵成為英國大選的一個組成部分

另類與主流

對於文化反堵概念的一些批評者來說，可以在另類文化和主流文化之間建立有意義的區別的概念本身就令人懷疑。他們認爲，主流品牌商品和獨立的創作產品，都透過相同的基本機制吸引顧客：銷售特定的形象和想法，在反主流產品的情況下，這形象就是反體制。這些批評認爲更極端的文化反堵形式毫無意義，因爲他們認爲反抗系統並不是導致世界發生有意義的變化或改善的立場——而且對於那些眞的希望改變世界的人來說，尙有更有效的激進主義形式。

反堵標語

幾乎立即廣泛顚覆任何訊息的潛力，既是許多人的喜悅之源，也是許多現代宣傳和公共辯論的重要因素。一方面，在大量可用訊息中，許多線上辯論往往是短暫的、幾乎不可見的，或者主要是已經說服某個立場的特定選區感興趣。另一方面，一些網站作爲世界主要參考形式的重要性不斷上升，這意味著線上社群反堵一條標語，並將其替換爲另一條標語的能力，可以證明是重要的。

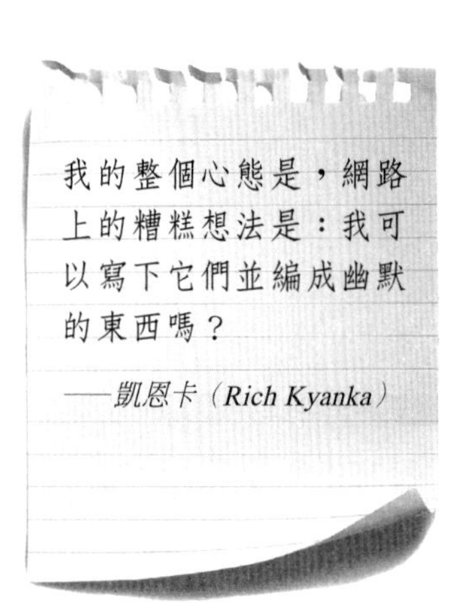

其中一個例子是桑托倫爭議，它發生在2003年，當時美國共和黨前參議員桑托倫（Rick Santorum）在接受採訪時評論說，他不相信憲法授予成年人在性行爲中的隱私權，這代表國家有權以與監管亂倫和猥褻兒童等行爲相同的方式監管同性戀行爲。

桑托倫的評論引發了相當多的批評，其中最持久的影響可能是專欄作家薩維奇（Dan Savage）舉辦了一場競賽，爲其不常見的姓氏Santorum創造另一個低俗語意，並將其引入通用字典。這活動取得巨大成功，以至於任何線上搜尋Santorum這個單字都會成爲最熱門的搜尋結果。

谷歌轟炸

成功的「反堵」特定詞或訊息的活動，通常試圖利用一種稱爲谷歌轟炸（Google bombing）的技術——試圖透過從其他頁面建立到特定頁面的大量連線，來利用搜尋引擎演算法的操作，使所有連結都指向同一個短語。如今，谷歌的搜尋引擎極力抵制這種干擾，但一些値得注意的結果仍然存在，包括搜尋「法國軍事勝利」的連結排名，會連上一個戲謔性的搜尋結果頁面，詢問「你的意思是：法國軍事失敗？」

透過這種技術也可以實現嚴肅和喜劇效果。例如，Googlewashing 形容了一種逆向文化反堵，在這種情況下，企業或主流集團積極嘗試改變搜尋詞條時出現的最熱門排名，或確保流量從競爭對手轉向他們。正如維基百科等參考網站中的許多編輯戰爭所證明的那樣，關於看法的線上鬥爭可能會在不同的帳戶之間來回激烈地進行——如今，反堵不利訊息已不僅僅是一種業餘藝術。

濃縮想法
使用數位工具來解構想法

30 電子商務

商業交易是網際網路最基本的用途之一，看起來也是最簡單的用途之一。買賣服務基於與實物交易類似的基礎。對於零售商品，就像在許多商店或目錄中一樣，選擇商品、付款，然後安排交付——無論是郵寄、實物商品，還是透過下載。然而，這背後是一個極其複雜的行政和後勤網路，尤其是在處理金融交易、確保數據安全以及應對不斷增加的欺瞞和詐騙力量方面。

安全是線上商務存在的最重要因素。全球資訊網於 1991 年開放用於商業用途，也就是它誕生的第二年，但直到 1995 年才邁出了幫助線上銷售起飛的最重要的第一步：公開發布了名爲安全通訊端層（Secure Sockets Layer, SSL）線上協定，可用於加密進出網站的流量。

以前，資訊以一種本質上開放的形式在網路上傳播，任何攔截它的人都可能讀取。SSL 意味著現在可以創建一個網站，在其流量上設置一個安全的「層」，加密所有發送和從接收的訊息，這樣即使被攔截，也無法計算出輸入的實際細節。SSL 自發布以來一直在不斷改進；特別是 1999 年發布了稱爲傳輸層安全性（TLS）的升級版本，在最新版本的 SSL 之上提供了額外的保護，此後這兩種協定都在繼續開發中。

亞馬遜和 eBay

雖然不是最早的線上購物網站，但兩個現代電子商務巨頭——亞馬遜（Amazon）和 eBay——率先對市場產生了深遠的影響，並開始讓世界接受這樣的想法，即商品可以購買或在線上查看。在兩者之間，這些

時間線

1992	1995
Book Stacks 成立	亞馬遜和 eBay 上線

賺多少？誰受益？

2010 年，亞馬遜的收入約爲 250 億美元，而 eBay 的收入約爲 90 億美元。但這只是現在花在線上零售的金錢的一小部分。全球最大的市場美國，2010 年的線上零售額約爲 1700 億美元，佔其零售市場總額的 7%，而全球市場預計到 2014 年將突破 1 兆美元大關。商業的成長難以預測，但兩個相關的趨勢表明，位於大型企業和精品企業之間的傳統企業，可能最難數位化轉型：超大型企業受益於經濟規模的改善和龐大的受衆群體，而高度專業和精品企業更容易找到他們非常特殊的客戶。對於中間的人來說，數位未來可能會越來越黯淡。

網站還體現了網際網路擅長的兩種核心業務類型：比實體店更多得多的新商品，以及爲二手物的拍賣和轉售，提供更大的綜合市場。這些公司的壓倒性成功，也是大品牌電子商務主導地位的一個明顯指標。

亞馬遜成立於 1994 年，並於 1995 年在網路上推出，最初是一家書店。它不是第一家網際網路的書商（第一家是 Book Stacks，成立於 1992 年），但後來其業務逐漸轉移銷售範圍廣泛的產品和服務。與許多其他早期的網際網路公司不同，亞馬遜一開始就計劃，在幾年內不以盈利爲目標，直到 2001 年才實現首次年度盈利，與其他數位業務相比，線上零售的成長速度異常緩慢。

eBay 於 1995 年與亞馬遜同年上線，最初名爲 AuctionWeb，到 1998 年擁有 50 萬使用者。當年它上市並繼續快速增長，到 2008 年收入超過 70 億美元。然而，它最重要的收購發生在 2002 年，當時它成爲電子商務業務 PayPal 的唯一股東，允許人們透過 PayPal 本身的帳戶，而不是銀行帳戶或信用卡來付款和轉帳。

1999 引入傳輸層安全（TLS）

2002 eBay 收購 PayPal

2010 亞馬遜收入達到 250 億美元

走向社交

與其他所有網路活動一樣，電子商務的下一階段也受到社交媒體的影響。寶潔（Procter & Gamble）等領先的跨國公司已開始嘗試透過 Facebook 直接銷售品牌──其銷售平台由亞馬遜提供支援。考慮到社交平台上推薦系統的複雜性，亞馬遜等從一開始就爲推動個人推薦和評論的線上文化做出了巨大貢獻。多年來，有效的自動推薦系統，一直是亟需了解及預測使用者行爲，並從中獲利的網路零售商的優先事項。然而，重點漸漸轉向讓使用者自己成爲品牌的大使和顧問，而並非所有消費者甚至企業本身，都因此覺得滿意。

支付系統

PayPal 等服務已被證明是不斷增長的線上經濟的核心部分，因爲它們使客戶和企業線上購買商品和服務變得更加容易（對於許多網路企業而言，在不同國家／地區安全處理信用卡交易，是其整個業務中最昂貴和資源密集型的方面之一）。PayPal 帳戶還允許小型企業和個人在不具資格或無法透過傳統銀行設置支付系統的情況下，安全地進行付款和收款。該服務如今在 190 國市場，以及透過手機上基於簡訊的系統營運，並幫助定義了許多其他線上支付和貨幣系統的模型，並在以信用卡支付作爲支付商品和服務的主流方式的道路上穩步發展。

主要零售商

與這些蓬勃發展的電子商務並行的是，世界上幾乎所有主要零售商現在都擁有大量的線上業務，提供的商品和服務也越來越複雜。超市已大量擴展到網上購物和送貨到府，而許多實體店，尤其是銷售媒體，如書籍、CD 和 DVD 的店，發現他們的業務正在萎縮，或被迫適應更多的情境式體驗，以區分實體購物和網上購物。與此同時，交付和物流服務的複雜程度也在逐步提高──亞馬遜就是一個例子，其重要戰略位置的物流中心每個都可以超過 10 個足球場大。

濃縮想法
網路是世界上最大的櫥窗

31 線上廣告

隨著數位產品消耗人類時間和注意力日增，線上廣告正日益成為許多企業的核心商務，並且正在逐步改變廣告本身的運作方式。與其他數位工具一樣，線上廣告的參與成本遠低於傳統媒體，而且數據可能要精確得多。但新的危險也伴隨著這個領域，以及該領域最大的公司所施加的前所未有的新影響。

最早的線上廣告開始出現在 1990 年代中期，可以預見的是，它奠基於現有的印刷模型，如出現在網頁頂部的橫幅（banner），或者出現在網頁兩側的側邊欄（tower）上。點擊這些廣告會將人們直接帶到公司的網站，這標誌著廣告與公司之間新的直接關係以及比傳統廣告更準確、更快速的衡量廣告效果的方法。

到 1990 年代後期，動畫和互動廣告在網站上變得越來越普遍，隨著投資者爭先恐後地將資金投入網路公司，市場開始以指數級的速度起飛——至少在 2000 年末網路泡沫破滅之前是這樣。在這個階段，很明顯的，線上業務和廣告並沒有實現人們所希望的一切：網路廣告的效果往往較低，公司爲其付費的意願也相應降低。

服務

各種格式和媒體的廣告一直都有其專業的供應商，事實證明線上廣告也不例外。幾乎從一開始，專門從事廣告服務的公司就在網上發現了一個受歡迎的市場，人們希望透過在其網站上展示廣告來獲利，但他們自己卻無法或不願徵求廣告。

時間線

1994
第一個線上廣告

1996
第一家廣告服務公司

1998
首次出現按點擊付費的廣告

第一家專門的線上廣告服務公司於 1996 年成立。不久之後，遠端服務的做法開始實施，允許一家專業公司管理任何安裝了其代碼的客戶網站上的廣告。合適的廣告外觀將由服務公司選擇、上傳、更新和管理；將協助衡量績效統計數據；並且通常會提供基於內容和使用者行爲的專門定位。

數據的力量

資訊世界提供了廣告前所未有的方便——關於廣告效果的即時、精確的統計數據。早期的線上廣告傾向於根據廣告向不同使用者展示的次數來運作，即廣告頁面收到的瀏覽次數。根據此指標計費被稱爲每次展示費用（cost per impression）。然而，在 2000 年，谷歌推出了 AdWords 系統，允許客戶購買顯示在搜尋結果旁邊的小型純文字廣告。谷歌開啟了一種商業模式，並即將成爲其主要收入來源。最初，客戶按每次展示費用向 Google 付款。然而在 2002 年，新系統啟動，該系統於 1998 年由新創公司 GoTo.com 首次部署，被稱爲點擊付費（pay per click），這代表廣告商僅在使用者實際點擊廣告時才被收取費用。

有了這個模式，谷歌不僅成就了自己的搜索引擎，它還開發了一種強大的新商業模式，結合數據和搜尋引擎的巨大滲透力來改變線上廣告市場。谷歌 2010 年的廣告收入超過 280 億美元，這在很大程度上

慎防點擊詐欺

線上廣告是針對消費者和廣告商進行詐騙的多樣化場所。也許最對廣告商最常見的方式是點擊詐欺，它利用按點擊付費廣告的流行來產生對特定廣告的大量點擊，這可能會使營運商付出巨大的代價。這在許多地方都涉及刑事犯罪，但很難被發現和查證。技術範圍從小規模的個人詐欺（只需自己點擊連結或付費給其他人這樣做）到使用程式模仿客戶的大規模自動化詐欺。

2000
谷歌開始關鍵字廣告

2006
Facebook 宣布與微軟達成廣告交易

2008
谷歌收購 DoubleClick

什麼時候廣告不是廣告？

今天，公司最好的廣告通常與傳統廣告幾乎沒有關係，而更多地與社交媒體和有效招募粉絲推廣有關——即使他們中的許多人可能不知道他們正在宣傳什麼。例如，線上熱門的網站 megawoosh 出現在 2009 年，意圖展示世上最大滑水道的試運行。影片中顯示了在阿爾卑斯山的一個滑水道，將一個穿著潛水服的人從飛越 30 公尺的距離，發射到一個小戲水池中，並連結到滑水道的假建造者卡默爾的網站。經過詳細調查發現，整個設置是微軟 Project Professional 軟體的病毒式廣告，影片本身是一個精心僞造的特技，涉及繩索、剪輯和特技演員。迄今爲止，該剪輯在 YouTube 上的觀看次數已超過 500 萬次，並產生了大量評論，在全球範圍內被觀看和討論，甚至出現在 2010 年 5 月的電視節目流言終結者（*Mythbuster*）的其中一集。很少有廣告商能預期更大的效益。

要歸功於 AdWords，但得益於 2003 年推出的外部廣告服務系統。這個系統 AdSense 允許任何網站所有者註冊並使用谷歌作爲他們的廣告伺服器。然後，Google 在其網站上提供廣告，按每次展示或點擊付費給網站。谷歌在 2008 年收購了主要的廣告服務提供商 DoubleClick，進一步增強了其線上廣告領域的主導地位——這次收購讓谷歌控制了全球近 70% 的廣告服務業務。

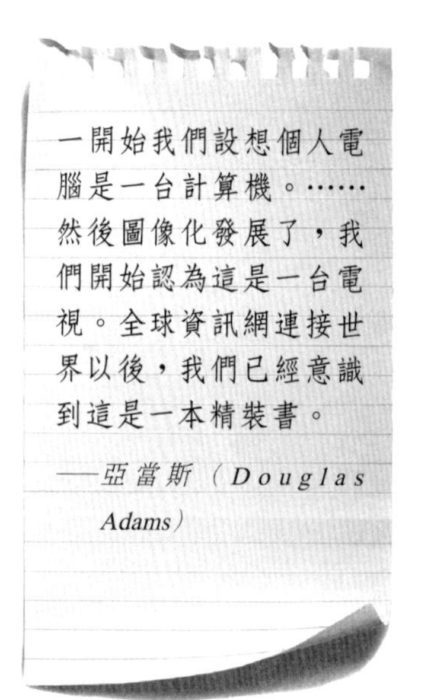

社交、行動及其他

隨著行動網路、社群網路以及日益多樣化的線上服務和活動正在改變數位文化，廣告正在迅速超越現有的橫幅和關鍵字模式。特別是，越來越多的線上串流媒體推動了一種更傳統的方法——在影像和聲音中嵌入廣告，就像在電視或廣播電台上一樣。

大多數網路使用者願意容忍半分鐘的廣告以換取免費的串流音頻或影像。例如，音樂串流媒體服務 Spotify 爲準備收聽 15 到 30 秒常規廣告的使用者提供免費歌曲。類似的方法越來越多地應用於互動媒體，例如影像遊戲，這些媒體擁有迅速擴大和極其專注的受眾：廣告可以嵌入加載序列中，甚至嵌入遊戲世界本身，靠廣告支持的免費遊戲模式越來越受廠商青睞。

社交媒體也是越來越受到關注的焦點，也是贊助和廣告的創新領域。例如，推特允許廣告商付費購買熱門主題，以使其出現在網站列表的頂部，或者宣傳公司帳戶或個人推文以獲得關注。

與此同時，Facebook 正迅速成爲廣告業務的領頭羊之一，針對特定類型的客戶提供非常強大的定位服務——並且其服務的廣告完全基於微軟的 adCenter 系統而不是谷歌。數位廣告已經是世界上增長最快的廣告市場，在社交、行動和以遊戲爲導向的趨勢的推動下，數位廣告看起來將繼續擴大和發展多年。

濃縮想法
注意力轉移到網上，廣告也一樣

32 分析

數位文化圍繞著訊息的爆炸式發展——不僅是存取有關世界的不同訊息來源，還包括人們自己的數位活動的訊息。從您存取的網站到您進行的線上購買，從您玩的影像遊戲到玩多久，幾乎所有透過數位裝置完成的事情都是可以衡量的。這導致了基於分析此類數據的大型且有影響力的行業的發展。流量分析——分析特定網站和這些網站內頁面的網路流量的確切性質——是這個過程的核心，但整個故事絕不止於此。

分析中最重要的單元與三件事有關：有多少人存取了特定頁面、網站或服務，他們在上面花費了多長時間，以及他們到達和離開的路線是什麼。與此相關且益發重要的次要衡量標準，是衡量圍繞某件事的討論有多少——尤其是透過社交媒體討論的途徑。

使用者數量是這些衡量標準中最基本、最古老的衡量標準。最初，營運網站的人可能只是透過查看伺服器上的這個數字來計算存取網站或頁面的總次數。這個衡量標準——一個頁面被查看的總次數或它的頁面瀏覽量——到今天仍然有用，但通常已經被更先進的計算，可記錄使用某網頁的獨立使用者的瀏覽過程所取代。這是透過查看使用者的唯一 IP 位址來確定的，從而可以得出每天、每週、每月甚至每年的獨立使用者用量。一旦從特定 IP 位址存取了某個站點，該位址在相關期間不再計算在內。

監控工具

許多公司都提供分析網路流量的工具，但從根本上來說，記錄此

時間線

1993
網路分析公司 Webtrends 成立

1994 出現
第一個商業網路分析工具

流量風雲榜

世界上最大的網站獲得的流量有多少？答案是不斷變化和持續上升的，但根據網路訊息公司 Alexa 在 2011 年初的說法，排名前三的網站並不令人驚訝：第一名的谷歌美國主頁、第二名的 Facebook 和和第三名的 YouTube（谷歌擁有）。另一家訊息公司 Compete.com 估計，截至 2010 年底，Google.com 的每月獨立訪客人數約爲 1.5 億，而 Facebook 和 YouTube 的每月獨立訪客人數爲 1.17 億。除了這些網路服務之外，流量最大的部落格服務，Google 的 blogger 在 Alexa 上成爲全球第七大存取量最大的網站，維基百科是最受歡迎的訊息來源，排名第八，亞馬遜是最受歡迎的購物網站，排名第 14，BBC 是最佳新聞網站，排名爲第 44，*紐約時報*在 93 名，赫芬頓郵報在 123 名，在 2010 年末相當於約 1300 萬月租付費使用者。

類數據的方式只有兩種。第一種也是最古老的方法，是分析託管網站的伺服器上的日誌文件，這在網際網路誕生之初就已成爲可能。第二種也是當今更流行的方法，是將少量標記代碼附加到網站上，使其能夠被專門的第三方網站監控：最受歡迎的此類網站之一是谷歌的免費谷歌分析（Google Analytics）服務，它向已選擇安裝其追蹤代碼的任何網站收集詳細訊息。

除了訪問者數量之外，單一使用者使用某網頁的時間是另一個關鍵指標，以及另一個相關因素——他們在網站內查看了多少不同的頁面，以及他們執行了多少操作。當有人到達一個網站並只存取一個頁面時，這被稱爲跳出（bounce）。跳出的百分比或稱跳出率（bounce rate）被視爲許多網站的重要統計數據，具體取決於網站的用途。例如，對於報紙或雜誌，超過三分之一的存取跳出率可能被視爲表現不佳網站的指標；而旨在提供一次性消費資訊的網站可能預期其四分之三或更多的訪問會跳出。

1997
開始第三方分析

2005
推出 Google Analytics

更精細的優化

響應於改進的數位服務的藝術，數據是許多 21 世紀企業中最核心和最複雜的技能之一。對於企業和評論家而言，對使用者數據的分析提供了前所未有的機會來了解消費者的使用模式和興趣。爲 Facebook 等平台開發產品的最大遊戲公司，每天可以使用超過 10 億個數據點來精確探索其軟體的哪些方面是否能引起使用者的興趣，以及測試和比較一切，甚至到螢幕上微調物體的不同顏色和位置，是否會產生更大的興趣。這導致了諸如拆分測試（split testing，或稱 A/B 測試）之類的創新，由亞馬遜在網上率先推出，透過向不同的訪問者展示網站的兩個不同版本來測試對網站的單一修改，查看一個小差異如何改變使用者的行爲。與這些技術並行的是，允許使用者自己表達偏好和想法的方式在網上越來越多，分析行爲數據的科學和藝術也越來越精巧。

網站存取的數量、持續時間和「深度」——即平均訪問者鑽研不同頁面的數量——對於銷售線上廣告非常重要。在該領域中同樣重要的是使用者採用的點擊路徑：他們在網站上實際與什麼互動，以及他們最有可能在何時何地點擊廣告。

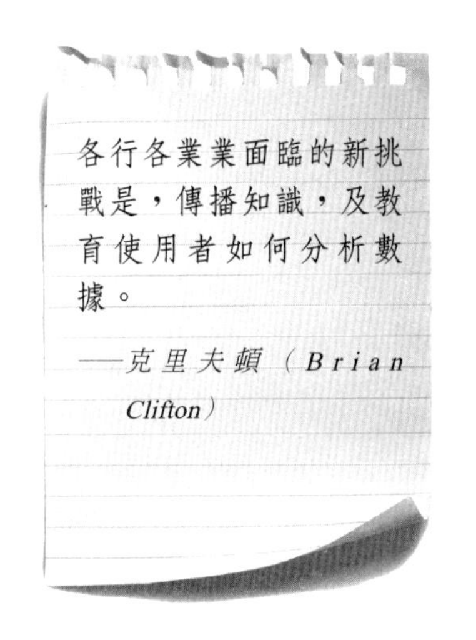

瀏覽路徑

一般來說，每個訪問者的入口和出口路徑是網站的重要訊息：他們最初是如何到達的，之後又去了哪裡。存取來源通常分爲直接存取（有人輸入網址並直接存取某個網站）、推薦存取（他人透過其他網站分享另一個網站的連結）和透過搜尋引擎推薦（從多個搜尋結果中點擊連結到某個網站）。在最後一種情況下，網站分析通常會顯示哪些關鍵字使客戶到達網站。

上述統計數據都不能免於操縱；然而，一般來說，諸如單一訪問者數量之類的數據，被視爲衡量網站影響力的核心指標。網站或個人頁面在社交媒體中的突出地位也越來越重要——並且已經有許多小工具來顯示某網站在 Facebook 上被分享或提及的次數、透過推特連結的次數，以及發布到各種其他社交媒體上的次數，和彙總站點。

分析此類數據可以提供對趨勢和興趣的有力洞察：對社交媒體中正面提及的分析，甚至被用於預測電影票房是否成功。今天，沒有一家擁有數位業務的公司敢於在不持續關注其服務的使用、討論、共享和競爭情形的情況下開展業務。

濃縮想法
沒有分析，數據就毫無意義

33 光學辨識

光學辨識（Optical character recognition, OCR）是電腦掃描和識別印刷文字的過程。作為以數位形式提供和搜尋所有人類知識的努力的重要組成部分，它允許書籍和其他印刷文件自動轉換為數位格式，而無需費力地手動輸入。OCR 的起源早於網際網路，但與許多其他技術一樣，其全部潛力與網路資源息息相關。同樣的，教會電腦「閱讀」手寫文件和其他非印刷格式訊息的領域也在不斷發展。

光學辨識的第一個專利早在 1929 年就已被申請，但製造讀取器的早期努力被證明既麻煩又昂貴，直到 1955 年才出現了第一批商業設備——第一台機器是安裝在讀者文摘雜誌（Reader's Digest）的公司中。早期的機器只能識別有限範圍的字符，還必須用特殊字體打印：第一種特殊字體被稱為 OCR-A。字體相當簡化和標準化，以至於連人們自己都難以閱讀；1968 年，OCR-B 字體出現，以更柔和的輪廓和更清晰的字符供人眼閱讀。

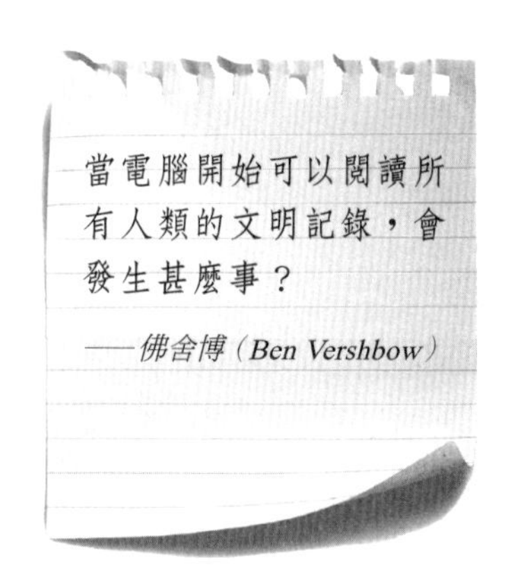

到 1970 年代中期，可供電腦辨識的字體已在整個行業佔據主導地位，公司廣泛使用 OCR 來處理銀行和會計詳細訊息、分揀郵件（美國郵政服務使用 1965 年的 OCR 形式）和支付帳單等任務（英國是歐洲第一個在銀行業引入 OCR 系統的國家，透過 1968 年的 National Giro）。從 1960 年代中期開始，可以將 OCR 系統直接連線到電腦，以電子文件的形式生成數據。但

時間線

1955	1965
第一台商用 OCR 機器推出	美國郵政服務採用 OCR

掃描書籍

將書籍內容數位化是 OCR 最重要的現代用途之一，但也一直存在問題。由於裝訂限制，書頁在打開時不會完全平放，而是略微彎曲。這意味著掃描機對打開的書頁拍攝的圖像會使文本略微扭曲，使軟體很難準確處理。直到最近，解決這個問題的主要方法是暴力拆開一本書的裝訂，或用沉重的玻璃板壓平書頁，這是一種效率低下的方法，也不適用於許多書籍。2004 年，網際網路巨頭谷歌開始爲谷歌圖書項目，將數十萬本書的內容數位化後，他們幫助完善了處理這個問題的新方法。谷歌的技術涉及紅外線攝影機，在特製掃描機內，以三個維度對書頁的形狀和曲率進行建模，然後將結果傳輸到 OCR 軟體，使其能夠補償曲率的扭曲影響，並在不損壞書籍的情況下準確快速地識別文件。

在 1970 年代前半期，電腦仍然既笨重又昂貴，須耗資數萬美元，並且只能在大型企業的辦公室中使用。

1974 年，隨著庫茲維爾（Ray Kurzweil）發明了一種全字體（omni-font）系統，OCR 取得了顯著進步，該系統可以識別以各種字體列印的字符，而不是專爲 OCR 機器設計的字體——這一發明首次能自動將大量報紙和雜誌等印刷記錄，數位化到可搜尋的資料庫中。對於需要極高準確度的任務，仍需要使用 OCR 指定字體。即使在今天，辨識準確性也只能透過人工監督來保證，主流商業 OCR 產品的識別率從 70% 到 99% 不等，具體取決於字體、打印品質、紙張、上下文和內容本身。

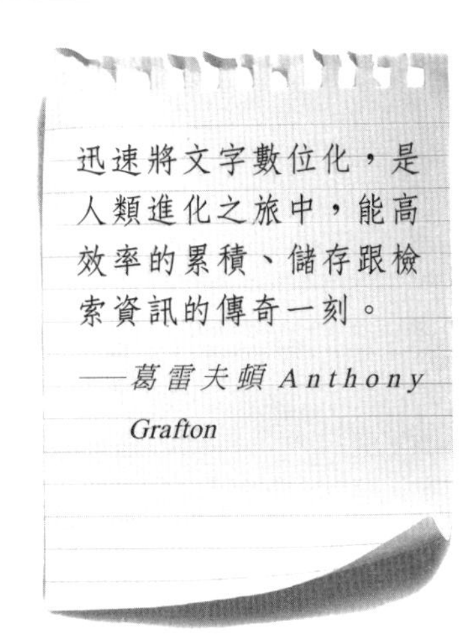

工作原理

幾乎所有形式的 OCR 都根據兩種方法之一工作。列印頁面的圖

1974 全字體系統被發明

1993 智慧字符識別（ICR）作為商業技術出現

像首先由光學系統掃描——基本上是拍攝它的照片——然後透過電腦軟體分析該圖像。最古老和最簡單的分析方法稱爲矩陣匹配（matrix matching），一次獲取頁面上的每個字母，將其分解爲一個小網格上的許多暗點和亮點，然後將這些點與不同字符的參考資料庫進行比對，直到有足夠數量的點匹配，電腦才能判斷圖像中的字符與記憶體中的特定字符相符。

第二種方法是一個更複雜的過程，稱爲特徵提取（feature extraction）。使用這種技術（也稱爲智慧字符識別或ICR）的程式不會嘗試將字符與儲存在其記憶體中的固定訊息進行比對，而是在列印頁面上尋找一般性的特徵，就像人們在閱讀時所做的那樣。

ICR足夠先進，不僅可以用於不同系列的字體，還可以用於手寫，儘管必須對程式進行訓練以識別使用者手寫的各個特徵。ICR程式通常包括學習過程，使他們能夠展示一定程度的人工智慧，積極搜尋和記憶模式。當正確訓練閱讀特定人的筆跡時，識別率可以超過90%，從而在數據輸入和電腦上快速書寫領域帶來潛在的強大創新。

正如ICR的發展所表明，OCR是一個日益專業化的領域，在該領域中，程式往往用於兩種特定功能之一：文本識別，或獲取大量重複數據。今天，OCR軟體通常被匯集到一系列常見的應用程式中——從

用驗證碼模式

除了在良好條件下使用專門爲OCR設計的字體，不然即使是最好的OCR技術也會多少犯一些錯誤，尤其是對於較舊的書籍，更複雜或過時的字體，不尋常的單詞和拼寫，或損壞的紙張。這意味著我們始終需要一些人工監督來確保準確性。然而，由於要掃描數以百萬計的文件，僱傭工讀生看每一個文件，甚至文件中的每個問題區域，效率並不高。一個精巧的解決方案是使用驗證碼（CAPTCHA）：是一種測試程式，用來區分網路上眞正的人類與及僞裝的機器人程式，此類測試通常會要求用戶正確重新輸入幾個以迷彩模式書寫的單詞。透過將驗證碼內單詞設爲OCR軟體難以理解的內容，可以巧妙地利用上萬人的閱讀技巧，一個接一個來解決OCR系統難以辨識的單詞。

Adobe 的 Acrobat Reader 到 Microsoft Office——並且可以免費線上獲取。OCR 仍然最常用於用拉丁字母書寫的文檔，但正在穩步改進其他字母語言，從希臘語、俄語、中文和阿拉伯語，更不用說其他數位格式，包括音樂（也許是未來最值得注意的事）。OCR 也是全球數百萬書籍和文件持續數位化的核心技術之一，這一過程將幾個世紀以來的印刷文字帶入了數位領域。

濃縮想法
機器閱讀正在打破數位前沿

34 機器翻譯

除了審查制度之外，許多人線上交流的最大障礙是語言，而全球資訊網可以被認為是許多重疊的網路，由於語言限制而相互隔離。有鑑於此，能夠在語言之間快速準確地進行翻譯的電腦軟體是一種重要的工具——並且具有悠久而傑出的數位歷史。

利儘管自動翻譯幾個世紀以來一直是人們大量關注的領域，但實用機器翻譯的歷史始於 1950 年代，當時美國首次成功進行了俄語自動翻譯實驗。然而，由於詞彙、語法和意義的複雜性，在早期的電腦上翻譯大量文件的困難是相當大的。

翻譯一種語言的過程包括兩個關鍵階段：準確確定文件的含義，然後在不同的語言中盡可能準確地表達這種含義。這種解釋的簡單性掩蓋了確定文件含義這件事有多麼複雜——直到 1980 年代，電腦才開始變得強大且普及，使的在教電腦「理解」語言方面取得重大進展。

兩種方法

機器翻譯系統傾向於透過規則或統計數據，或組合兩者來工作。基於規則的系統是最早使用的系統之一，其中最初級的系統只能遵循字典，依次翻譯每個單詞。當涉及到多重含義、語序和歧義時，這些規則有明顯的局限性，這可以透過另一種規則，即語意規則來補足。規則法試圖將文件的底層結構轉換爲該語言的基本中性形式，然後轉換爲另一種語言的類似結構，以便最終將這種結構轉換爲新語言的全文。因此，有第三種基於規則的技術，不是使用兩種語言的中性形式，而

時間線

1954	1968	1983
首個全自動翻譯	SYSTRAN 機器翻譯公司成立	首個個人電腦機器翻譯系統

辨識和翻譯

數位技術是最強大的結合，翻譯也不例外。除了口語翻譯之外，近年來出現在智慧型手機上的最令人印象深刻的應用程式之一，是將機器翻譯與手機鏡頭相結合，以提供即時重新翻譯的應用程式。Word Lens 是此領域最早的程式之一，於 2010 年爲 iPhone 發布。最初只提供英語和西班牙語，使用者只需將手機鏡頭對準一種語言的印刷文件，手機螢幕上就會出現相同的場景，並翻譯文件。文件太多，以及手部動作、不尋常的字體、手寫或複雜的語法會導致程式出錯，不過至少是一次嘗試。儘管如此，就像類似的谷歌 goggles 程式，可以用來拍攝外文，然後由谷歌的線上快速翻譯一樣，這些程式描繪了另一種誘人的未來願景，即可以用隨身攜帶的裝置，從書面或口語中進行即時翻譯。

實際上建構了一種完全不同的中間語言來編碼文本的含義，稱爲語際（interlingua）。

與此同時，基於統計的翻譯不是試圖將文本的含義編成字典，而是基於對兩種語言中存在的大量文件的分析，這種方法在 1990 年代開始流行，到今天被廣泛使用，因爲它能夠利用現代電腦的能力來處理極其大量的數據。這就是 Google 現在用於其線上翻譯服務的方法，它透過輸入聯合國的多種語言，約 2000 億字的文件檔來「訓練」不同語言的電腦。這種方法與其說是讓電腦「理解」文本，不如說是關於模式研究。然而，如果樣本數足夠多的話，它仍是非常強大的。

人工智慧也是該領域進步的一個漸生影響力的因素，能夠學習和改進自己的效率的程式是一個重要的研究工具。在所有工作中，以多種語言提供的數位文檔，本身既是研究的重要資產，也是巨大的挑戰。

2010
Word Lens 推出

1997
寶貝魚在網路上推出，由 SYSTRAN 所研發

2007
谷歌翻譯推出

網路語言

網際網路使用者的最通用語言可能是英語，這也許並不奇怪，2010 年網路上有超過 5 億人使用，比第二大語言，中文，還要多出約 1 億人。其次是西班牙語，（1.5 億），日語（1 億），葡萄牙語（8300 萬）和德語（7500 萬）。然而，這些統計數據的變化速度表明，十年後全球圖景將大不相同，目前使用超過 40% 的英語的主導地位將被更多的語言網路所取代，一個碎片化的數位世界景象。從 2000 年到 2010 年，線上使用中文的人數增長了 12 倍以上，是使用英語人數增長速度的四倍多。但與阿拉伯語（2500%）和俄語（1800%）的增長率相比，中文相形見絀，而葡萄牙語在此期間的增長率也接近 10 倍。隨著整個世界都線上化，偉大的故事將不僅僅是技術融合，而是語言差異以及對不同語源之間不斷增長的交流需求。

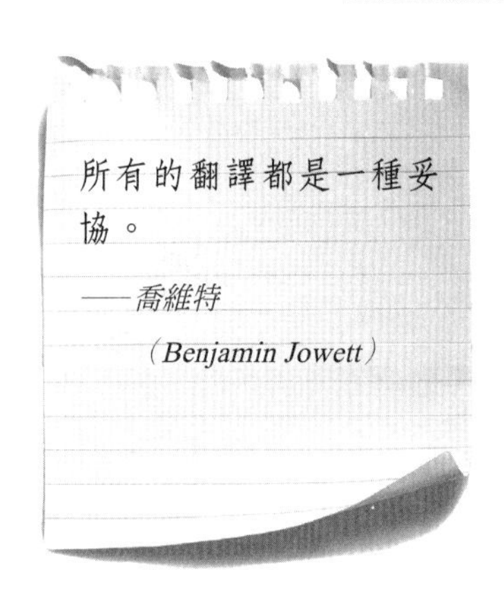

問題和潛力

目前尚不存在沒有人類監督的完美機器翻譯。確實有些人會爭辯，即使是由精通雙語的人類執行，完美的翻譯也永遠不存在，因爲不同語言中單詞和思想之間的細微含義差異永遠無法完全複製。儘管如此，超過 90% 的基本準確率在現代軟體中並不少見。仍然存在的最大問題的是所有語言都包含的歧義和複雜性，不管是基於規則和統計分析的翻譯，都會遇到與唯一參考、語言怪癖、沒有直譯語等相關的基本歧異。

儘管可能需要專業知識或研究，但母語人士通常能夠解決此類歧義；而即使是當前最先進的人工智慧系統，通常也無法處理這些歧義，儘管目前做得越來越好。電腦預測領域的進步也大致相同，即教電腦如何匹配模糊術語與那些不完全對應的詞彙。

應用程式

基於網路的免費軟體包括谷歌翻譯和寶貝魚（Babel Fish，於 1997 年由 SYSTRAN 提供支援，並以能夠將亞當斯*《銀河系漫遊指南》*小說中的同名機械魚準確翻成各種語言而著名），同時還有許多付費的服務。

另一項新服務是口語翻譯應用程式，通常是爲智慧型手機設計的。例如，iLingual 可以有效地當作行動語音片語手冊，用多種語言說出固定片語。更雄心勃勃的是，谷歌在 2011 年初爲其基於 Android 的翻譯應用程式測試了對話模式的功能，將口語對話直接翻譯成英語和德語，使兩個沒有共同語言的人進行基本的口語對話。鑑於行動裝置的計算能力和機器翻譯技術都在穩定進步，完全由電腦進行中介的即時雙語對話可能在不久的將來實現。

濃縮想法
數位技術將分裂的語言統一起來

35 定位服務

地理定位意味著了解某人或某物的確切地理位置。這是一個簡單的想法，全球定位系統（GPS）等技術已經為數百萬人帶來了現實。然而，仍處於起步階段的是基於定位服務的創意：一個不斷增長的數位應用領域，可以根據個人的精確位置定制結果，但也根據他們相對於其他人的位置提供服務。這是一個對隱私、通信、商務和休閒等方面具有重大影響的想法——同時也代表著更頻繁地使用數位和網路技術，不僅是坐在辦公桌前或家裡，而且是在移動中。

由於能夠透過 IP 位址識別大多數使用者的大致位置，因此從全球資訊網早期就可以使用一種定位服務，這使得公司可以根據使用者位置訂製網站，提供特定區域的服務廣告等等。然而，真正的基於位置的服務自世紀之交以來才取得進展，尤其是在智慧型手機和其他匯集 GPS 和網際網路連線的設備普及之後。

LBS 和 GIS

許多基於定位服務（location-based service, LBS）利用了過去幾十年在開發地理資訊系統（Geographical Information Systems, GIS）方面所做的大量工作。簡而言之，GIS 代表了許多詳細地圖和位置數據的數位版本，這些數據由從國家政府到緊急服務機構、學術機構和規劃當局的組織持有。

GIS 數據歷來傾向於用於商業和專業應用，如城市規劃、應急服務工作、基礎設施維護、區域管理和其他依賴於關於位置和邊界的高品質

時間線

1978 發射一顆 GPS 衛星

1995 首次生產汽車 GPS 導航系統

2000 向一般大眾提供完全準確的 GPS

走向超本地化

超本地化服務（hyperlocal）不僅僅是為不同領域提供量身定制的內容，還專注於提供專門為清晰的小衆量身定制的局部區域訊息。該術語最初是在1990年代在美國創造的，本用於指代當地新聞，但後來在網路上被採用來描述數位資源的潛力，這些資源通常由一些過於本地化，或一般網站無法覆蓋的地區需求產生。也許網路上最著名的超本地化服務是由科普作家強森（Steven Johnson）於2006年創立的。有關當地的服務、商店、營業時間、停車場、執法、活動等時間表，要麼不存在，要麼在網路上很難找到。該服務現在覆蓋了57000多個社區，並以下述宣傳來請使用者：了解最新動態，發現有關您居住地的新事物，進行研究，並自己為當地做出貢獻。或者，如果您的社區尚未加入，請當起頭的人吧。

詳細數據的活動。

但是，為GIS開發的資料庫和系統都是數位工具，它們頻繁地被提供給定位應用程式的開發者使用——透過政府計劃免費提供，或作為私人公司的付費資源。

LBS 一般用途

LBS最不言而喻的用途當然是告訴某人他們在哪裡，並提供有關他們周圍的詳細訊息。汽車中的衛星導航系統是這項技術使用最廣泛的商業實例，行動裝置的谷歌地圖等服務緊隨其後。詳細的本地地圖訊息，透過從企業和設施到評論、圖像和網路連結的所有內容列表而得到增強。

具體來說，使用者的典型需求可以分為五類：定位工具，用於準確確定與當地地理相關的位置；導航工具，幫助他們規劃通往預定目的地的路線；地理搜尋工具，幫助他們找到特定的設施或服務類型；其他數

2002
推出第一款 TomTom 導航器產品推出

2009
Foursquare 推出

2010
Facebook 標註地點

Foursquare

成立於 2009 年的 Foursquare 是一項與眾不同的社群網路服務：它完全基於行動裝置，並使用 GPS 追蹤來允許使用者發布定期更新的位置記錄。這些更新出現在 Facebook 或 Twitter 帳戶上，並允許使用者即時查看他們的朋友網路彼此之間的關係。不過，除此之外，該服務還鼓勵人們在靠近特定地點時登記，除了更新他們的身份之外，還可以為他們賺取積分、「徽章」形式的線上獎勵，並提高他們的身份，以努力成為某個特定地點的「市長」——也就是說，在過去 60 天內在該地點登記的天數比其他任何人都多的人。遊戲機制與社群網路的這種結合已被證明是引人入勝的，特別是當使用者參與得越多，他們在網路中獲得的權力越大：從能夠在第一級成就到編輯有關場地的訊息，到在最高等級上，能夠自行添加和調整場地，並監控全球的討論和流量。

據搜尋工具，幫助他們搜尋從公共交通時刻表到活動時間的所有訊息；和社交工具，盡可能即時地將它們與其他人的位置和活動聯繫起來。

LBS 特殊用途

上述潛在應用範圍幾乎是無限的，但迄今為止，僅對有限數量的領域產生了特殊影響。車輛導航輔助裝置是最明顯的例子，它已經改變了許多人的駕駛體驗（同時也引發了人們的擔憂，即它們的使用可能會降低駕駛員在馬路上的注意力，並弱化一般道路技能）。但類似服務的更專業用途具有同等潛力，尤其是緊急服務。在緊急服務中，為不知道或可能無法傳達自己位置的人定位，是一項至關重要的功能。在這些情況下，LBS 可以自動傳輸精確位置，並能提醒附近區域內可能提供幫助的人。

這種自動位置檢查的強大日常應用，體現在 2010 年的應用程式 Neer 中，它允許人們在他們的即時社群網路中，授予其他人接收有關他們自己位置的自動更新的權限，例如可讓父母檢查孩子是否已經安全到學校，或他們在購物中心走失的位置。對於更廣泛的社群網路而言，Facebook 的「地點」功能也於 2010 年推出，它允許使用智慧型手機的使用者與朋友分享他們的位置，並使與 Facebook 匯集的其他應用程式也可以使用此功能。

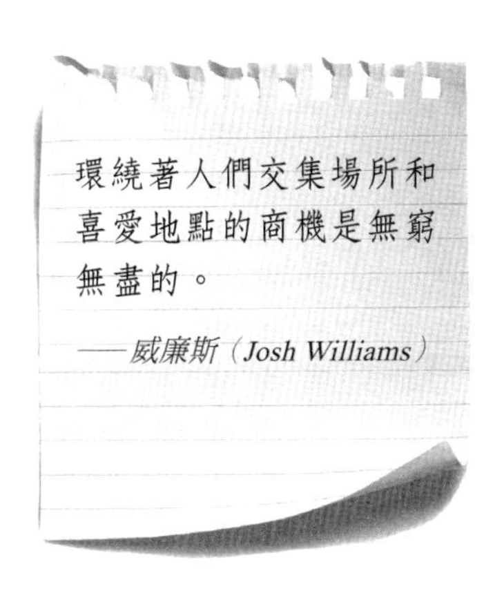

趨勢

2011 年初，微軟發布了有關新生 LBS 領域趨勢的研究結果。LBS 系統的主要用途是更加「傳統」的旅行和訊息主題：GPS 導航是最常用的，其次是天氣報告、交通更新、餐廳訊息和設施位置。然而，似乎即將發展的新趨勢包括遊戲、圖片和影片在其拍攝地點的地理標記以及社群網路的連結。

也有人對 LBS 系統涉及的隱私問題表達了擔憂。這是可以理解的恐懼，因爲一個人的地理位置訊息代表了數位文化中的一種新的即時性和曝光度，這在歷史上允許人們相對匿名和不受身體限制或義務的約束。從這個意義上說，實體空間和網路技術的日益緊密結合是近年來更深刻的數位化轉型之一，這也許是各種服務還無法充分利用定位服務的理由之一。

濃縮想法
準確知道您在哪裡的技術

36 虛擬寶物

虛擬寶物是僅以數位形式存在的物品，與透過數位方式購買的音樂、電影或書籍不同，在虛擬環境之外沒有任何價值或實體。這代表它們往往存在於網路世界，尤其是線上遊戲中，由於它們賦予的地位和利益，玩家對購買和擁有虛擬寶物很重視。越來越多的網路遊戲和虛擬世界完全或部分透過虛擬寶物銷售獲得資金，而虛擬寶物交易已迅速成為價值數十億美元的全球經濟。

虛擬寶物與第一個共享虛擬世界（1980 年代的純文字多人地下城遊戲，Multi-User Dungeons）同時出現。武器、盔甲和藥水等物品賦予這些遊戲世界中的角色好處，玩家很快就開始非正式地交易這些物品。

此類交易是一種「灰色」經濟活動，在大多數遊戲的官方規則和環境之外進行，但並未明確違反其精神或規則。然而，到 1990 年代後期，更複雜的 3D 多人線上遊戲開始涉及大量玩家時——尤其是在 1997 年《*網路創世紀*》（*Ultima Online*）之後——這種由玩家進行的個人活動開始變得更加複雜，並且令許多人驚訝的是，由於 eBay 等線上拍賣網站允許玩家相互提供虛擬寶物以換取真實現金，它還開始涉及現實世界的貨幣和交易。錢會易手，然後玩家會在虛擬世界中見面，以交換有爭議的寶物。

大多數線上遊戲的公司認爲玩家之間的虛擬寶物交易並不可取：它可能威脅遊戲進行，因爲它允許玩家利用現實世界的資源（即他們的財

時間線

1997

《網路創世紀》推出

產），而不是獎勵遊戲中的技能和努力，以及從遊戲營運商身上榨取潛在收入。儘管如此，它仍然很受歡迎，玩家的需求允許一些交易者透過銷售虛擬寶物（通常是透過第三方拍賣網站）在一年內賺取數千甚至數萬美元。在某些情況下，單個虛擬寶物可能價值不菲，這要歸功於獲得它們所需的大量努力：例如據報導，《*魔獸世界*》中的單個頂級角色，在 2007 年的交易價格約為 9500 美元。

官方平台

鑑於玩家購買虛擬寶物的需求水準，隨著時間的推移，許多遊戲公司已經開始推出正式允許其銷售的平台。這裡最基本的模型被稱為免費遊戲，其中遊戲本身不花錢但虛擬寶物須透過官方渠道購買，允許玩家得到新的能力、區域、更快的進展或僅是不同類型的角色外觀。這已成為亞洲線上遊戲的主導模式，其中遊戲和虛擬世界中，官方虛擬寶物銷售額估計每年超過 50 億美元。

虛擬寶物銷售依賴於大量低價的微交易（micro-transactions），通

遊戲金農

在中國等國家，在國際市場上累積並出售虛擬資產已成為一個重要的數位產業。之所以稱為「金農」，是因為在歷史上，傾向於讓工人在遊戲中——最受歡迎的是《*魔獸世界*》——進行長時間、重複的輪班，以獲得盡可能多的遊戲金幣。成功的金農企業往往包括工人團隊每天輪班在倉庫中使用電腦十個小時或更長時間，通常就地而睡，由此產生的黃金由經營農場的企業主線上銷售並支付工人工資，以他們獲得遊戲中金幣的能力為基礎。遊戲公司已經打擊了此類業務，但人們認為全球市場仍價值數億美元，並且包含更複雜的服務，例如快速升級，透過角色代練服務快速提升遊戲角色的力量，而不像西方玩家傾向自己努力練功。

2003
《第二人生》推出

2005
索尼開設虛擬寶物市場

2007
《魔獸世界》的一個頂級角色售價近 1 萬美元

學習眞實的一課

一些經濟學家認爲，交易虛擬寶物的經濟學提供了一種潛在的強大方法來探索現實世界的經濟趨勢，特別是難以分析的人類動機和興趣領域。活躍在這一領域的最著名的經濟學家可能是美國教授卡斯特諾瓦（Edward Castronova），他的研究指出，虛擬世界中的玩家在經濟上的行爲方式，與現實生活中的人們極爲相似。鑑於能夠精確地操縱和記錄虛擬環境的每個細節，這代表虛擬環境可能成爲探索和測試經濟理念的強大實驗場所，從稅收、資源重分配到定價結構，構建經濟激勵措施和個人價值信念，和公平。

常使用遊戲內貨幣進行，該貨幣本身是透過營運虛擬世界或遊戲的公司用眞貨幣大量購買的。與數位文化的其他領域一樣，過去幾年最重要的趨勢之一是，社群網路和虛擬寶物銷售，在社群網路上數以千萬計的人玩的休閒遊戲中越來越重要。此類遊戲通常不僅利用虛擬寶物銷售，而且利用所謂的免費增強產品模式：基本版免費玩，然後需要少量資金才能存取完整版的高級功能。

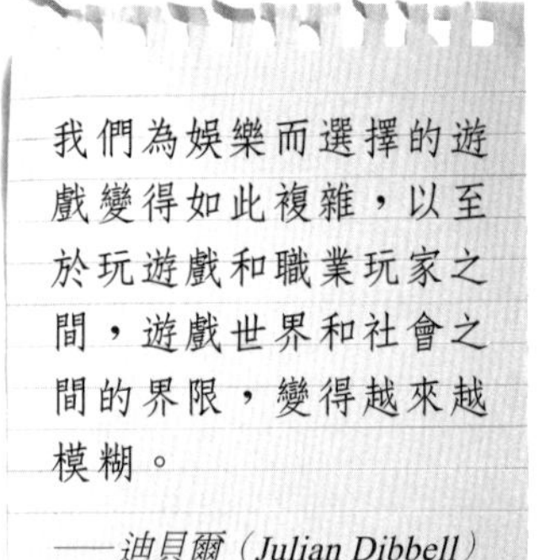

隨著虛擬寶物貿易的全球價值遽增，此類商業模型也越來越廣泛地被採用，包括在眞實公司和虛擬公司之間運行直接換匯——這是《*第二人生*》（Second Life）自 2003 年以來提供的，其林登幣（Linden dollar, L$）在 2011 年初以大約 200 元兌 1 美元的匯率進行交易——貿易支援商業模式，在這種模式下，公司允許官方平台交易虛擬寶物。許多玩家更喜歡這些官方平台的安全性和可靠性，而不是灰色次級市場的陰暗領域。例如，索尼娛樂公司創建了一個官方市場，其部分遊戲的玩家可以在其中正式交易和購買虛擬寶物，每筆交易都會支付少量佣金。索尼的市場本身由 Live Gamer 公司營運，該公司專門經營用於交易虛擬遊戲內商品的官方市場。

全球市場

虛擬寶物市場最顯著的特徵之一是獲得虛擬寶物的門檻相對較低。如果有人擁有電腦並可以存取網際網路，那麼大部分只要玩遊戲即可獲得物品，故只需要很少的教育或專業能力：最重要的投資就是時間。這導致了一個不尋常的全球經濟機會，那些賺錢機會較少的人可以將時間花在賺取虛擬寶物或獲得虛擬貨幣上，然後將其出售給不想花時間練功，而願意花錢購買這些東西的有錢人。

這些發展不僅給那些經營遊戲和虛擬世界的公司，而且給政府和監管機構帶來了嚴重的困難，更不用說那些「玩工」（playbour）——玩遊戲以獲取經濟利益的人。

虛擬寶物銷售收入的官方申報和徵稅就是一個問題，虛擬財產權也是另一個問題，因爲物品在遊戲公司運行的電腦之外不存在，因此這些公司可以隨時沒收。其他法律問題涉及玩家在虛擬寶物被盜時尋求賠償或補償的能力；更不用說成千上萬透過官方渠道之外的虛擬寶物銷售謀生的人，其工作條件和權利的道德問題。

濃縮想法
價值與現實世界幾乎沒有關係

37 e政府

e政府（eGoverment）可以代表電子化政府，涵蓋政府與其公民之間的所有形式的數位互動。它主要用於形容線上服務擴大政府服務、訊息和參與的方式的進步。然而，更根本的是，它還涉及使用數位領域來探索政府流程，可能對政府轉型持開放態度。

e政府可分爲三個領域：利用數位技術改進政府的行政流程；提高公民與政府之間互動的品質、數量和便利性；以有利於國家的方式改善公民之間的互動。簡單來說，這可以被形容爲改善管理，改善服務的獲取和提供，以及促進公民社會的功能。第四個領域涉及政府與企業之間的關係——尤其是在技術領域，這種關係往往是雙向運行的，大多數最佳數位實踐的例子首先是在私營公司或線上社群中發展起來的。

存取和供應

所有形式的e政府可能面臨的最大問題是存取。雖然發達國家的大多數公民現在都可以使用電腦和網際網路連線，但相當一部分人卻沒有，大多來自更貧困或孤立的背景。這不僅代表著這樣的少數人無法從數位服務中受益，而且數位服務的提供只會擴大貧困群體與社會之間的差距。

因此，成功的e政府策略非常重視存取，這可能意味著在圖書館和市政廳等公共場所提供數位設施，但也可能涉及對簡單得多的技術的創新使用。例如在英國，一些公司既專注於開發確定本地服務位置的有效方法，也專注於快速且經濟地將這些方法輸出爲任何人都可以使用的即

時間線

1994	1999
韓國訊息通信部成立	美國第一份e政府備忘錄

社群行動主義

行動不需要先進的技術，過於複雜的數位思想有時會妨礙完成工作。這是位於倫敦國王十字區的社區行動家佩林（William Perrin）的作品所體現的訊息的一部分。2006 年，在一項針對他社區的破壞行動下，佩林發起了一項社群主義運動，該運動基於將線下的激進主義與一個簡單的網站 www.kingscrossenvironment.com 相結合，向在地人傳達訊息：幫助我們讓我們的社區變得更美好，分享您的國王十字區新聞、觀點、事件和抱怨。一項草根倡議，其理念是有效的在地公民行動需要高速的訊息和溝通。最佳服務不是透過複雜的技術，而是透過線上目的地收集當地新聞、觀點、支持投訴的照片、會議記錄、文件等。這些通常不會以新聞為特色，但可以為社區行動提供焦點的所有內容。該網站在規劃、改進和聽取當地問題方面贏得了顯著勝利，並為英國其他社區網站建構了模板。

時訊息表。

通常與更複雜的設備相比，低技術選項是更強大的民主工具。例如，手機上的簡訊是聯繫世界上大多數國家的幾乎所有成年成員的一種方式，使它們成為一種極其有效的公共訊息數位聯繫方式，從投票提醒到當地服務訊息，目前有服務正在世界各地進行試驗，以允許透過簡訊進行投票。

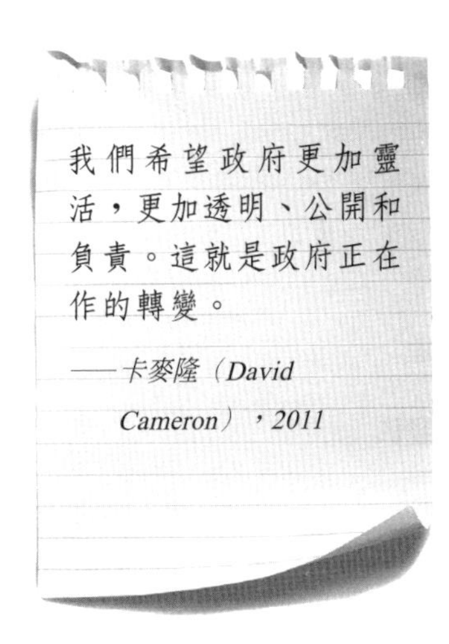

簡訊也是一種越來越靈活的商品和服務支付方式。鑑於行動電話正迅速成為一種通用且高度個性化的技術，它們很可能會被用作從個人身份識別到納稅的各個方面的核心政府技術。

2007 歐盟啟動參與計劃

2009 美國發布 data.gov 網站

2010 英國發布 data. gov.uk 網站

管理

與任何企業一樣，技術可以為政府帶來的最大好處之一是改善部門之間的溝通和兼容性，最佳實踐的通用碼，涵蓋從有效格式化和標記數據，到使用數位項目管理工具的所有內容。就政府而言，成本和效率的節約，可與向地方當局下放更多服務齊頭並進。

然而，安全和隱私對於政府技術而言，比幾乎任何其他領域都更重要，從無線網路網路到電子郵件系統的一切都需要安全，並且對敏感數據的存取權限須經過仔細審查。例如，政府在利用雲端運算設施或專有服務方面的能力不如大多數公司。然而，最富創新力的領域之一是美國和英國等政府，越來越多地採用國際開放標準的最佳實踐，用於檔案和數據儲存、訊息標記以及以便利的格式公開發布非機密材料，以便再利用和創新。

民間社會

除了提高透明度和獲得政府服務的機會外，民間社會還可能從政府資源的數位可用性中受益匪淺。例如，在 2011 年初，英國內政部將與犯罪發生率有關的英國政府數據，以免費使用的犯罪地圖的形式放到網路上，允許任何人在涵蓋英格蘭至威爾斯的互動式地圖上搜尋犯罪的詳細訊息。該服務在上線的最初幾個小時內就吸引了超過 1800 萬訪問

國家監控

e 政府的一個潛在黑暗面是政府對監控技術的使用。國家監控的範圍可以從交通執法鏡頭到閉路電視、電子竊聽和身份檢查，可能涉及使用生物識別（透過指紋和視網膜掃描等詳細訊息資料庫）。這種監視通常在安全方面是合理的，並且可以防止從蓄意破壞汽車到恐怖主義等犯罪行為。在一些國家，公民自由運動者對監視狀態中權力積累的程度，及其技術的有效性提出了越來越多的擔憂。爭議還圍繞著政府存取或掃描網際網路流量的權利，透過立法網際網路服務提供商有責任監管其使用者的流量，例如監視檔案共享侵犯版權等活動，並可能受到執法當局強制移交與調查有關的電子郵件和數據記錄。

者，被認爲取得了巨大成功，儘管據報導，它也加劇了對錯誤報告的焦慮、對房價的潛在損害以及對犯罪的恐懼加劇，這說明了公開數據的雙面刃性質。

e 政府的其他例子包括報告政府服務績效、表達偏好、提交請願書和對地方問題進行投票的能力，儘管此類計劃產生的大量材料會造成巨大的行政負擔。與訊息一樣，效用取決於分析和組合的能力，而不是簡單地收集數據——這使得鼓勵使用政府數據的第三方開發人員生態系統成爲 e 政府未來的重要組成部分。

濃縮想法
技術是益發重要的政府工具

38 衆包

歷史上，困難的實踐和腦力任務，往往由一小群專家來處理。但是，數億人透過網際網路相互連線，可以採用相反的方法：將問題作為對數位世界的公開呼籲，讓數位「人群」本身——未定義、無定形和自我選擇的人群，試圖找到解決方案。眾包是一個簡單到幾乎不言而喻的想法，也是數位文化的定義和最強大的力量之一。

與數位文化中的許多其他事情一樣，衆包（crowdsourcing）起源於網際網路第一批先驅者的集體努力，特別是始於 1983 年的開源軟體運動，其大規模協作工作，稱爲 GNU 項目。GNU 計劃在學術界的共同努力下，著手開發一套免費且免費可用的電腦軟體，使任何人都可以使用電腦系統，而無需爲其購買任何程式。

一個烏托邦式的願景，GNU 項目是由美國程式員和活動家史托曼（Richard Stallman）撰寫的宣言發起的。1992 年，也就是首次宣布九年後，該項目終於交付了一個名爲 Linux 的完整作業系統。今天，世界上大約四分之一的伺服器電腦，以及世界上超過 90% 的超級電腦使用 Linux 作業系統的版本，而其他開源系統，如 Apache 伺服器軟體和 Firefox 網路瀏覽器，在它們的應用中占市場主導地位。

無償的、激情的協作已經證明是數位文化的根源：一個等待正式定義的基本眞理。當然，大規模協作比任何數位技術都要古老得多：從實體的「意見箱」到呼籲公衆提出疑問或建議的研究項目。然而更重要的是，數位媒體成倍增加了此類合作的潛在規模、便利性和速度。多虧了

時間線

1992	1997
Linux 發布	SETI@home 發布

衆包審查

像大多數數位概念一樣，挖掘群衆的智慧是強大的——但對社會來說並不總是正面。例如在中國，政府擅長使用「人肉搜尋引擎」——即數千名人類志願者——來加強宣傳和審查工作。同樣的，沙烏地阿拉伯等國家的政府審查網際網路內容的工作得到了衆包計劃的幫助，一群思想保守的公民在網路上尋找並標記他們認爲可能對國家造成損害，或違反其有關政策的任何內容——那些人民不應該知道的事。

網際網路以及隨著網際網路 2.0 運動而不斷發展的網路技術，大規模互動現在已經成爲全球日常生活的一個事實。

衆包之源

最早使用衆包一詞的人之一是傑夫．豪（Jeff Howe），他在 2006 年將《*連線*》雜誌的一篇文章中，將「群衆」與「外包」兩字結合。他構想的核心是可以將工作外包給來自整個數位世界的志願者，而不是選定的專家。

一個早期例子是柏克萊大學加州分校的搜尋地外文明（SETI）計劃，該計劃基於分析來自雷達望遠鏡的大量數據以尋找規律。分析是一項遠超超級電腦所能力的任務。因此在 1999 年，計劃啟動了一個名爲 SETI@home 的項目，邀請世界各地的人們透過下載一個用作螢幕保護程式的簡單程式，只要有電腦閒置了一段時間，就將他們電腦的效能用於分析工作，並將分析結果傳輸到柏克萊大學。在六年內，超過 500 萬人下載了該程式。它幾乎不花費額外的時間、精力或電力，但結果卻比一台超級電腦強大數千倍。

2001
維基百科發布

2009
Kickstarter 發布

群眾有權利嗎？

瀏覽結果，或爲了利益而破壞它。例如，維基百科每年遭受數以萬計的故意破壞行爲，其社群成員花費數千小時來改正這些行爲。還有一個簡單的事實，因爲人群並不爲任何人工作，所以很難協調工作，或完成一個沒有太多權利或責任的開放項目。

大規模協作是比數位技術更古老的現象，但數位眾包帶來的便捷性和規模也凸顯了許多問題。一般來說，參與眾包項目的人沒有正式的合約，也沒有收到任何報酬。許多項目的開放和匿名的特點，也使得群眾很容易受到少數積極使用者帶風向。

群眾能做什麼？

SETI@home 是一個由精英學術機構集中指導的項目。但更有野心，去中心化的協作工作才正要到來。其中最著名的計劃成立於 2001 年，其目標是建立一個免費的、基於網路的人類知識百科全書，任何人都可以使用或編輯。到 2010 年底，這部名爲維基百科（Wikipedia）的百科全書已經記錄了超過 1 億小時的工作，並在此過程中成爲世界上最詳盡的一般訊息來源之一，其品質甚至比最樂觀的人也不敢想像的預期還要高出許多。

因此，在數位時代，人群可以在數位世界的工作產生驚人的結果。然而也許更令人驚訝的是，連實體行動也是如此——至少其中一種是。眾包運動的最新發展之一是群眾募資（crowd funding），這是 Kickstarter 網站的一個縮影，該網站於 2009 年推出，作爲任何人爲啟動計劃而募資的場所。與傳統的投資和股權安排相反，志願者可以根據自己的意願爲規定的總額投入少量或盡可能多的資金，以換取計劃發起人定義的計劃獎勵。成功資助的項目範圍從音樂專輯到遊戲公司，再到預算超過 30 萬美元的電影。

即便如此，這也僅僅觸及集體智慧可以在網上做的行動的皮毛。利用網路的集體知識和能力已成爲企業、藝術家和政府等日益標準的策略。2009年，《衛報》利用由20,000多名志願者組成的網路來篩選英國國會議員有爭議的費用索賠；2010年，國會圖書館轉向照片共享網站Flickr，以呼籲公眾在新獲得的內戰照片檔案中識別人物。名單不斷擴大，幾乎涵蓋了任何可以說服人們的內容，值得他們在網上花幾分鐘的時間。

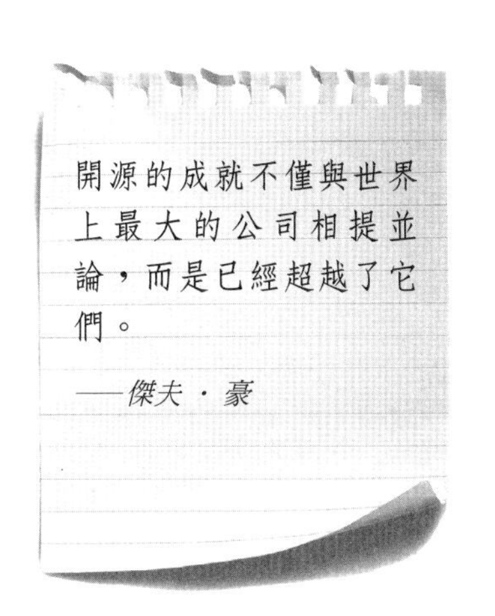

群眾不能做什麼？

維基百科的聯合創始人吉米・威爾許（Jimmy Wales）是眾包一詞的著名反對者，他認爲這個想法沒有考慮到創建和維護一個使用者可以協作的有效率系統所需的工作量。更一般地說，眾包計劃可能會遇到品質控制、成品所有權、法律責任和簡單可行性方面的問題——簡單地邀請對線上大型計劃的貢獻將產生解決方案的想法，對許多公司來說都以災難告終，部分原因是圍繞人們沒有內在動機去執行的任務協作的困難。

這種批評蔓延到政治和激進主義領域，在那裡創造了懶惰主義（slacktivism）一詞來形容那些懶得實際參與行動，只會簽署大規模請願書或更改Facebook頭像圖片的人。正如群體智慧的分析家長期以來所指出的那樣，事實證明多數人確實比少數人更聰明——但歷史的進程往往是由積極進取的少數人創造的，而不是由群眾所創造。

濃縮想法
大規模協作易於改變世界

39 自由軟體運動

自由軟體運動（free software movement）與眾包背後的思想，以及其他開放、協作的運動密切相關，這些運動自網際網路誕生以來就已成為其特徵。它的重要性不僅在於軟體或其他創意產品應該免費贈送的想法，還在於線上社群尋求使免費使用、免費重利用、改編和永久協作的原則正式化和永久化的方式。

簡單地讓任何人免費使用或重利用某些東西，也就是將作品發布到公共領域，但並不能保證這種自由會持續下去。其他人可能會試圖透過出售它的副本或稍微修改它，並宣布該新產品爲自己的創意財產來獲利。自由軟體運動是爲了杜絕這種情況的發生。

爲此，它透過在各種許可下發布產品來選擇性地使用版權立法，這在法律上限制了某些素材的使用方式。通常，這些許可證明確規定，未來的每個副本、修改版本或衍生作品本身都必須免費提供，並在相同的許可條件下發布。這意味著可以對任何試圖從免費許可下發布的作品中獲利的人採取法律行動，迫使他們刪除自己的版本或在免費許可下公開發布。

自由軟體運動是一種廣義上的運動，存在各種不同的許可和方法，提供多種不同等級的保護——並代表對可能成爲數位辯論有爭議的話題的不同觀點。

著作傳

最古老的免費數位許可證形式稱爲「著作傳」（Copyleft），是

時間線

1984
共享軟體一詞被創造出來

1989
第一個 GNU 通用公共許可證

對著作權（Copyright）一詞的一種反演繹。它的符號是版權符號 © 的鏡像，雖然它在 1970 年代中期首次使用，但它最著名和最有影響力的表述可能是 GNU 通用公共許可證（通常稱爲 GPL）。GPL 是由史托曼爲開發 Linux 作業系統而編寫的（如前一章所述），最終在 1992 年公開發布了世界上第一個完全免費使用的電腦作業系統。

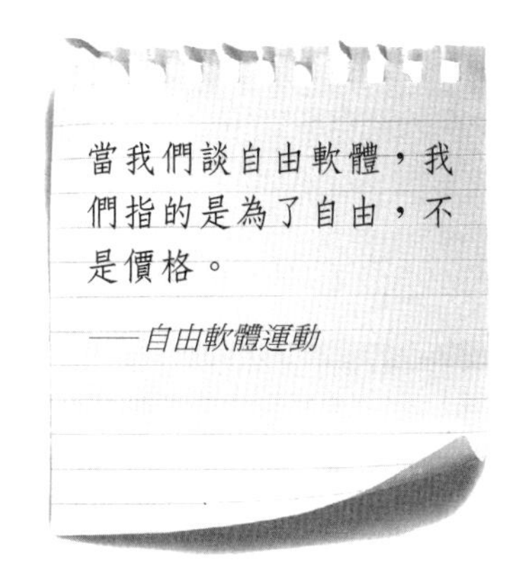

GPL 的最新第三版於 2007 年完成。許可證本身旨在供任何人使用，如今已應用於世界上一半以上的免費套裝軟體，但不允許以任何方式修改其條文。其既定目標是確保「保證可以自由共享和更改程式的所有版本」，史托曼將這一原則描述爲「務實的理想主義」，以抵制對版權許可軟體的任何獨佔再利用，即使這爲軟體吸引大量受眾提供了誘人的可能性。

開源

在談論軟體時，「開源」（open source）這個詞經常與「免費」結合使用，儘管它形容了一個更大、更模糊的概念，而不是簡單地構建一個免費的軟體分享許可而已。該術語最初指的是軟體的原始碼，是程式的核心代碼，它準確地顯示了程式設計師爲構建它所做的努力。商業產品的原始碼通常不會被公開。開放原始碼允許其他人複製和構建軟體。對於某些人來說，開源這個詞已經從這些源頭繼續發展，描述了一種更大的哲學，即向公衆監督和協作者開放任何流程的運作，從政府到藝術或行動主義都是。開源材料不一定受任何特定許可條款的約束。然而，開源的核心是一個開放和協作的發展過程，其關鍵要素將始終向公衆和專家的審查開放，這一趨勢正在從醫學科學到政府政策的運作等許多領域獲得支持。

2001 創用 CC 成立

2004 萊斯格發表*自由文化*

2007 最新版本的 GNU GPL 發布

今天，許多類型的著作傳許可證可用於不同類型的產品，範圍從特定軟體用途的許可證到檔案許可證。著作傳本身並不認爲藝術和創意作品應該是免費的，而是與自由藝術許可證類似，爲那些確實希望他們的創意作品永久免費分享的人所用。

創用 CC

著作傳並不是定義創作可以免費分享的唯一許可。其他此類許可中最著名和最具影響力的是創用 CC（Creative Commons）的許可，該組織於 2001 年由美國活動家和法律學者萊斯格（Lawrence Lessig）創立，他在 2004 年的同名書中幫助創造了「自由文化」的概念。今天，創用 CC 由日本活動家和企業家伊藤穰一（Joichi Ito）領導。

自由文化反對限制性版權法，支持使用媒體——尤其是數位媒體——來自由分發和修改作品。該運動引起了一些人的批評，他們認爲這損害了有創造力的個人從工作中獲利並保護其完整性的能力。它的支持者，包括萊斯格，認爲適當許可的免費分享增強了創造力，並且將許多舊媒體商業模式的衰落歸咎於此。

創用 CC 廣泛用於各種創意數位產品，從照片到文字都是（著作傳較偏向於軟體）。許可證都允許免費複製和分享的基本權利，但附加了四個潛在的等級。署名（attribution）許可是規定，只要註明創作者的署名，就可以展示、複製、修改和分享創作。非商業（non-

共享軟體

軟體歷史上另一個重要的「自由」軟體是共享軟體（shareware），它體現了與著作傳或創用 CC 截然不同的自由概念。共享軟體是以免費試用版發布的版權軟體，在功能或使用時間上有所限制。共享軟體一詞於 1984 年首次使用，有用地描述了此類程式在早期網際網路上共享的方式，並成爲軟體公司重要的新分銷和營銷管道。一些最成功的早期電子遊戲和應用程式的成功部分是基於它們作爲共享軟體的發布，包括 1993 年的電子遊戲*毀滅戰士*（*Doom*）。共享軟體使較小的公司能夠接觸到大量的潛在受衆，但不能與本質上沒有商業應用的免費或開源軟體混淆。

commercial）許可則增加了進一步的限制，即作品的使用只能用於非營利目的，而無衍生作品（no derivative works）許可則規定作品只能精確複製，不得以任何方式修改。最後，相同方式共享（share alike）許可堅持認爲，作品只能在附有相同許可的情況下進行複製。這些條件通常應用六種許可之一，這些都包括作爲標準的歸屬，並且不與基本版權法的應用相矛盾。

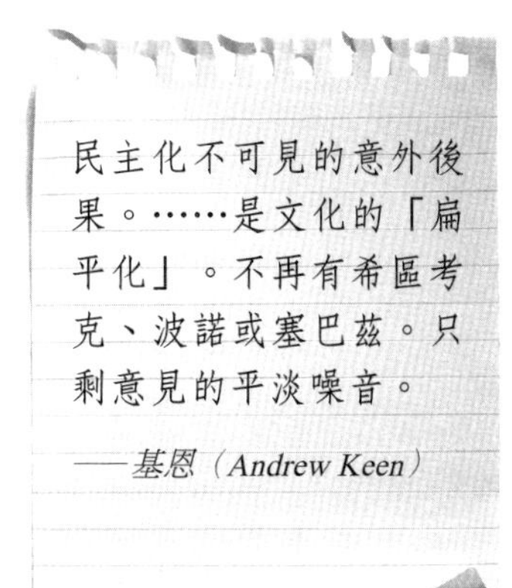

應用程式和爭議

著作傳和創用 CC 是最常用的，但世界各地有數十種免費許可證在使用，從針對特定軟體子集的許可證到希望對使用施加更多或較少限制的許可證。數以百萬計的作品和網頁使用此類許可，從多克托羅（Cory Doctorow）和萊斯格等活動家的作品到專輯、電影、藝術作品、照片和節目。也許最著名的是，整個維基百科項目都是在創用 CC 許可下發布的。

這些舉措受到了批評，尤其是認爲受版權所保護的重要且來之不易的財產，正被許多線上活動，以及更激進的自由文化者，從根本上破壞。

濃縮想法
眞正自由作品是各種形式的永久免費

40 數位發行

在數位技術的早期，儲存裝置既笨重又昂貴，在不同系統之間傳輸訊息，代表著將訊息複製到磁碟上，並在電腦之間進行實體移動。今天，網際網路和所有數位裝置的互聯，意味著訊息可以在很大程度上發布，而無需任何磁碟。然而無法預見的是其技術產生如此深刻和普遍的影響。

很明顯，從網際網路誕生之初，印刷媒體，如書籍、雜誌、報紙，開始以數位形式出現，而新的數位寫作則反過來挑戰它們。然而，隨著電腦的功能和連線速度的提高，線上傳輸更大的音樂和影像檔案也變得越來越容易，而不需儲存在 CD 和 DVD 等實體媒體上再發布。

這是一個與檔案格式的穩步發展密切相關的過程。1994 年 7 月是一個重要的里程碑，一種名爲 MP3 的格式正式發布，它能夠以相對較小的檔案，高效地對高品質的音樂進行編碼。第二年，發布了能夠在電腦上即時播放 MP3 檔案的軟體。

MP3 檔案夠小，可以透過早期的網際網路輕鬆儲存、下載和上傳，很快，成千上萬的檔案被線上共享，通常是透過點對點網路的系統，這使得人們可以輕鬆定位和在他們的個人收藏之間共享檔案（請參閱關於檔案共享的第 15 章）。Napster 等網站（成立於 1999 年，於 2001 年倒閉）永遠改變了音樂行業的面貌，以及繼

時間線

1994	1999
發明 MP3 格式	Napster 成立

續主導著有關數位媒體的許多爭論的版權侵權問題。

走進 iTunes 時代

當 Napster 倒閉時，世界上最重要的數位發行管道之一已經推出，即蘋果的 iTunes 服務，於 2001 年 1 月啟動，是一個允許 Mac 使用者在電腦上播放和管理數位音樂的應用軟體。

隨著 2003 年 4 月 iTunes 商店（iTunes Store）的推出，以及當年針對微軟視窗作業系統的 iTunes 軟體的推出，使用者只需支付少量費用即可線上購買單曲，並將其直接下載到他們的電腦和攜帶式 MP3 播放器上。由於蘋果於 2001 年發布的 iPod 的商業成功，使得公司在該領域已經佔有重要地位。

iTunes 商店很快成爲數位發行中，以完全合法的官方模式顛覆傳統商業模式的標誌性例子。七年之內，iTunes 佔據了全球近四分之三的數位音樂銷售額，使其成爲全球最大的音樂零售商。2010 年 2 月，蘋果宣布自該商店推出以來，已透過該商店購買了超過 100 億首歌曲，而且

沒有紙的世界？

報紙和雜誌行業受到數位技術轉型的沉重打擊，許多廠商相信，他們未來的生存依賴於尋找可行的線上商業模式，出版物嘗試過許多模式並取得了不同的成功。自蘋果公司於 2010 年推出 iPad 以來，平板電腦的快速增長激發了人們的希望，此類設備的應用程式可能會爲紙質報紙提供有利潤的替代品。2011 年 2 月，莫多克推出了《*The Daily*》，這是世界上第一家僅透過 iPad 購買的報紙，沒有印刷版或任何形式的網路版存在，*The Daily* 暗示無紙世界對於報紙和雜誌來說可能是什麼樣子，就像亞馬遜的 Kindle 和其他電子閱讀器已經開始展示一個沒有印刷品世界的可能性。

2003 iTunes 商店推出

2007 亞馬遜推出 Kindle

2011 全球首份 iPad 版報紙推出

所有權的終結？

在許多情況下，購買產品的數位版本並不像購買實體版本那樣授予它的所有權。數位檔案很難像實務那樣出借或贈送，並且實際上擁有檔案幾乎與僅被允許透過特定服務存取它一樣困難。這種從購買及擁有實體到只需在網路上下載媒體的轉變是強大和方便的，但也有限制。一項服務理論上可以隨時撤回，或因商業原因停止營運；不一定隨時有高品質的網路連線；缺乏個人所有權使消費者可能容易受到審查、駭客攻擊或濫用指控。雖然並非所有形式的數位發行都是如此，但它引發了一場關於與數位消費相關的權利和責任的激烈辯論。

還可以利用線上商店購買超過 55,000 集電視劇和 8,500 部電影。

跨媒體

iTunes 的增長只是過去十年中全球重要轉型的一部分：數位發行已從一種新奇事物轉變爲更多產品的唯一發行方式，電子書可能是最簡單的例子。越來越多的書籍僅以電子格式存在。亞馬遜於 2007 年推出的 Kindle，只是目前市場上漸增的電子閱讀設備之一。但它與世界上最大的書商的無縫整合，讓我們一窺數位發行對現有出版模式的影響有多大——事實上，亞馬遜現在爲作者提供了直接在 Kindle 上出版的機會，無需透過傳統出版商，或靠近實體印刷品的任何地方。

此外，Kindle 不僅僅是閱讀電子書的實體設備；它也是一個軟體平台，用於在各種設備上閱讀數位文件。所需要的只是一個亞馬遜帳戶——就像在 iTunes 帳戶允許人們在各種設備上下載和使用數位媒體。

數位發行也正在成爲許多軟體的正常購買方式，隨著寬頻存取速度的提高而跨越了許多障礙。過去由於恐怖的下載時間，寧可購買實體磁碟還容易些。在電腦方面，數位發行平台 Steam 現在是電子遊戲的領先市場，而從微軟到 Adobe 等軟體巨頭，都提供所有主要產品的線上下載版本。

永無止境的媒體

數位發行的最大優勢，除了方便之外，也許是它缺乏終點：總是可以下載更新或新的副本。此外，數位平台提供了機會，使用者不再是孤立無援的使用產品，而是作爲社群的成員——這對遊戲尤其重要，因爲串流傳輸和下載的遊戲往往爲使用者提供線上分享評論、註冊和與其他人比較分數，或一起玩及觀賞的機會。

對於那些希望單機執行且不依賴連線來實現某些功能，甚至在串流媒體的情況下完成的單機產品的人來說，這種文化也可能是不利的。品質控制、版權和所有權問題也使人們與許多純數位產品的關係複雜化。一些人認爲，向任何人開放的分銷平台將代表著可以提供前所未有的客製化和靈活性的文化，但這也代表著作品品質每下愈況。

濃縮想法

隨著發行方式改變，
內容也發生了變化

41 雲端運算

早期電腦巨大而昂貴，人們想像著有許多人共用著少數幾台電腦。隨著電腦越來越小而便宜，我們理所當然地認為每個人都用自己的電腦。然而，隨著網際網路的發展，一個復古想法捲土重來：在強大的遠端系統上，而不是在自家電腦上執行任務和儲存檔案有很多優勢，無論您身在何處，都可以輕鬆連線使用。

雲端運算不是由單一電腦處理，而是由跨網路分布的不同伺服器進行。使用者和服務提供商都不一定知道正在處理數據的電腦的確切實體位置。「雲端運算」（cloud computing）一詞於 1997 年首次使用，具體指的是遠端計算服務不在單一已知位置進行的想法——就像全球資訊網開始時託管特定網站的伺服器電腦一樣。但作爲一種鬆散分布在「雲」中的東西，客戶自己對檔案的運作方式知之甚少。

爲什麼要使用雲端？

雲端運算是一個應用極其廣泛的簡單想法，但越來越多的人轉向它的核心原因相當清楚。它們也同樣適用於個人和企業，儘管最大的變化已經開始出現在企業中。雲端服務提供行動性：只要有裝置和網路連線，您就可以連線到服務，無論是簡單的個人電子郵件和檔案，還是整個公司的項目管理和資料庫設備。它們還具有擴充性：提供雲端服務的公司往往會以數千或數萬台電腦同時運作，這代表無論您的需求增長多少或多快，它們都可以輕鬆配合。

不過，也許最重要的是速度和費用。雲端系統在電腦以外進行維

時間線

1997	1999	2002
雲端計算一詞被創造	Salesforce.com 提供第一個網路應用程式服務	Amazon Web Services 推出

亞馬遜網路服務（AWS）

世界上最大的雲端運算能力提供商是亞馬遜，透過其網路服務平台。該服務於 2002 年推出，如今是典型的雲端服務，因爲它根據需要提供了廣泛的選擇，從簡單地提供線上儲存或發送大量電子郵件的能力，到託管極受歡迎的網站，甚至爲做實驗，或製作詳細的 3D 動畫的計算密集型使用者，提供強大的計算功能。然而，亞馬遜的關鍵創新出現在 2006 年，當時它開始提供一種稱爲彈性計算雲（EC2）的服務，允許公司或個人根據需要租用計算能力，以運行功能齊全的應用程式。規模經濟使其成爲一種極其高效和強大的計算方式。例如，在 2010 年底，租用亞馬遜最強大的計算服務，成本僅爲每小時 2 美元多一點，無需硬體或進一步設備支出。其處理能力與 1990 年代後期世界上最快的超級電腦的處理能力相似，理論上接近每秒 1 兆次浮點運算。

護，因此幾乎沒有與保持最新版，或安裝網路和軟體相關的成本。此外也沒有購買電腦的資產成本，只需支付所需的服務費，精確以小時計。出於這個原因，雲端運算的商業模式有時被稱爲「效用計算」（utility computing），好比將電腦系統的費用轉成了一種類似於天然氣或電力的效力。

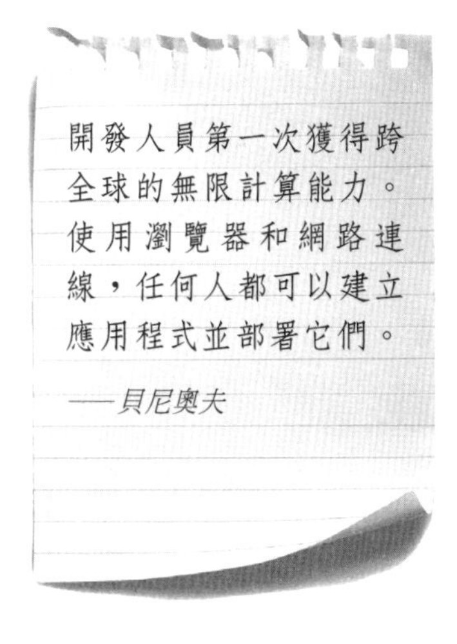

個人雲

雖然個人不太可能將節省成本視爲雲端運算的優勢，但越來越多的個人訊息正透過谷歌到 Facebook 的線上存取服務。

谷歌的做法很典型，因爲爲其服務的使用者提供越來越多容量，將他們豐富的數位生活放到雲端中。谷歌的文書處理、試

2006 亞馬遜 EC2 推出
2007 谷歌文件全面推出
2010 微軟推出 Office 的網路版應用程式

算表和編輯紀錄，允許文書處理透過網路，在世界任何地方進行編輯；其日曆服務與其他線上應用程式匯集；它的照片服務 Picasa 提供線上圖片儲存和管理，而更受歡迎的線上相簿共享網站 Flickr 也是如此。

同樣地，Facebook 和 Myspace 等社交網站更允許人們將生活中的圖像、文字和訊息的主要資料儲存，成爲可從世界任何地方存取的線上帳戶，而不是在他們實際擁有的設備的硬碟上。事實上，社群網路——提供越來越多綜合的線上體驗——可能是將整整一代網路使用者轉向雲端思維的重要因素。

展望未來

今天，強大的遠端計算服務正在激增，以及鼓勵企業外包從電子郵件到數據儲存的所有內容的實用套裝程式。硬體平台和軟體服務都可以遠端提供，而將雲端服務集成到其他軟體中的做法，正變得越來越普遍，例如微軟的 Office 套裝軟體，它在 2010 年將線上功能引入了其所有主要服務。

未來的一個問題是平衡：有多少業務或服務將在網路，而有多少將保持在個人電腦。對於自由和開源軟體的擁護者來說，基於網路的技術爲運行雲端系統的大公司提供了危險的力量，並可能限制來自數千種不同服務的開放性創新和協作類型和方法。與此同時，全球範圍內對改善

雲端運算的局限性

雲端運算並非沒有批評者，其中許多人指出個人和公司在他們實際上並不擁有的電腦上遠端儲存大量數據的安全影響。雲端提供商認爲，與幾乎其他任何地方相比，雲端系統中的數據能得到更好的保護和更安全的備份。但法律問題仍然存在，有時人們不打算交出個人電腦內的資訊，但雲端公司可能迫於壓力交出雲端系統內的資訊。其他問題包括與本地軟體相比，自己設定雲端系統的難度；轉變爲新的商業模式的技術和物流需求；以及連線中斷的可能性。任何一個理由似乎都不太可能長時間阻止雲端技術的前進。從長遠來看，這可能代表著，少數大公司握有大量個資和控制大量公司使用的軟體系統，其權力的增長是前所未有的。

雲端運算功能的研究仍在繼續，行動裝置存取、靈活性和安全性是主要研究領域。

濃縮想法
計算能力正在成爲普遍的公用事業

42 病毒式擴散

病毒是一種原始生命形式，能夠在短時間內產生大量自身複製品：這使它成為思想、文字、聲音和圖像在數位媒體中傳播方式的完美隱喻。複製成本幾乎為零，而世界離全境感染僅一個點擊的距離。

> 你所有的基地都屬於我們（All your base are belong to us）
>
> *——《零翼戰機》迷因，1991*
>
> 譯註：源於1989年日本世嘉發售的電視遊戲《零翼戰機》的開頭序幕的英文句子。於1991年，世嘉的歐洲部門將此遊戲翻譯發售，但其翻譯品質卻非常低劣，因此出現這種離譜的翻譯錯誤。1998年，此句子的截圖和其衍生的各種改字版本就這樣成為西方文化惡搞的代名詞。

透過電腦進行病毒傳播的想法最初是消極的：惡意程式的設計目的是欺騙電腦使用者，並像生物感染一樣在電腦之間自動擴散。這樣的程式仍然是現代電腦的一個主要問題，但病毒傳播本身的想法漸漸應用於更積極、更活躍的文化過程，在這個過程中，引人注目或有趣的文化金塊會被越來越多人注意到，並在網上瘋傳。

這與科學家道金斯（Richard Dawkins）所提的「迷因」（meme）概念有很多共同點：對比於基因（gene），迷因在人類社會中的運作方式很相似，它們在人與人之間傳播，同時有效地複製自己。網際網路極大地促進了這一過程。但也從簡單的複製動作，迅速演化爲極其快速的突變。從早期圖像板上的次文化，迷因已經成長爲最主流的數位現象和巴洛克式自我參照的自我延續區域，現在經常被納入從商業廣告到概念藝術的每一個環境中。

前網路迷因

在全球資訊網之前，某些單字在早期的網際網路上

時間線

1976	1982
道金斯提出迷因的想法	第一個表情符號

很流行，其中被認爲是史上第一個網路迷因，就是「垃圾進，垃圾出」（Garbage In, Garbage Out）這個詞，通常縮寫爲 GIGO。這歸功於程式設計師兼記者赫伊（Wilf Hey）或早期的 IBM 程式設計師富謝爾（George Fuechsel）。爲了強調電腦的輸出取決於輸入品質，GIGO 成爲早期程式員的非官方座右銘。

數位迷因的另一個先驅可能是史上第一個表情符號 :-) —— 使用標點符號描繪人臉輪廓，它的歷史可以追溯到 1982 年左右，此後一直被重複使用。Usenet 上存在的爲數不多的經證實的迷因之一 —— 一個於 1980 年首次推出的基於網際網路的全球討論系統 —— 可追溯到 1991

瑞克搖擺

在網際網路引發的所有病毒現象中，很少有比瑞克搖擺（Rickrolling）更令人發噱的奇怪現象。原理很簡單：在線上，有人假裝要分享指向相關資源的有用連結，但實際上，他們的連結會將任何毫無戒心的受害者帶到瑞克．艾斯里（Rick Astley）1987 年熱門歌曲「Never Gonna Give You Up」的影像中。與許多其他迷因一樣，這種奇怪的做法始於 2007 年的圖像網站 4chan 上的鴨子搖擺（duckrolling），作爲前迷因的變體，具有與其類似的技巧。到 2008 年，瑞克搖擺已經蔓延到整個網路，在那裡它獲得了驚人的勢頭，聲稱有數千萬模仿者，並在 2008 年 11 月達到高潮，艾斯里本人在紐約梅西百貨的感恩節遊行中表演了一場驚喜的瑞克搖擺。

「瑞克搖擺」將奇思妙想與小學生風格的惡作劇相結合，不僅體現了病毒式文化的傳播，還體現了它繼續展示的無盡變化，從精心編輯歐巴馬（Barack Obama）的演講，使他看起來像是在說這首歌的歌詞，再到大規模的線上運動，看到艾斯里本人在 2008 年重出江湖的演出，被評爲 MTV 有史以來最佳表演。它完全沒有意義也沒有必要，除了一種現象的勢頭，與其說是大眾信仰，不如說是大眾對荒謬的津津樂道。

迴聲室

近年來對網路文化和病毒式擴散最有說服力的批評之一來自美國法律學者桑斯坦（Cass Sunstein）。他認爲，線上志同道合的個人之間快速無縫的思想流動有可能將大部分流行文化變成一系列「迴聲室」（echo chamber，又稱同溫層）：允許人們在自己的小空間裡簡單地確認自己既定觀點和品味，而忽略那些不會立即吸引他們的特殊情感的事情。這種現象如果屬實，對文化和政治構成同樣的危險，很可能使人們處於極端立場，並允許處於光譜另一端的人強化和維持他們的極端品味，無論多麼反社會或令人反感。當然，對於某些人來說，這種包容性是數位文化的重要資產之一，同時它還有透過接受渠道傳播思想和圖像的無限能力。但這並不能否定桑斯坦等人所警告的危險和限制。

年，當時關於武術風格的討論導致一位使用者編造了一種名爲格林諾奇（Greenoch）的虛構「古代塞爾特武術」，在這個過程中，Greenoch這個詞幾乎一夜成名，並在網際網路歷史上佔有一席之地，作爲荒謬主張的代稱。

網路的活力

幾乎每一個現代數位迷因都可以追溯到網路發布之後。網路還預示著即將被證明是一個足夠廣泛的使用者網路的到來，用於眞正「病毒式」散布連結、想法、圖像和文字——病毒現象的主要標準是其自發的、分散的性質。

出於這個原因，病毒式數位元素往往會引起觀衆快速、強烈的情緒反應——震驚、喜悅、娛樂，但通常是一些公然無用的東西，並且帶有視覺成分。第一批病毒式擴散的網路迷因包括一系列著名人物的粗糙圖像，說著「吃我的球」（1996），一個跳舞嬰兒的3D電腦動畫（1996）和一隻隨著越來越快的節奏跳舞的倉鼠（1998年）。換句話說，他們之間有點粗糙、原始、可愛、出人意料，與名人有聯繫也很直接。它們也比現代迷因更難傳播，當時既沒有谷歌，也沒有社群網路和檔案共享網站。

病毒式服務

病毒式擴散是許多線上服務取得成功的常用套路：透過連結、推薦及搜尋引擎，利用這一勢頭將新流量引導至它們的強化過程。谷歌和雅虎等服務，早期就是透過推薦和連結獲得了成功，Myspace 和 Facebook 等後來的社交服務也是如此。

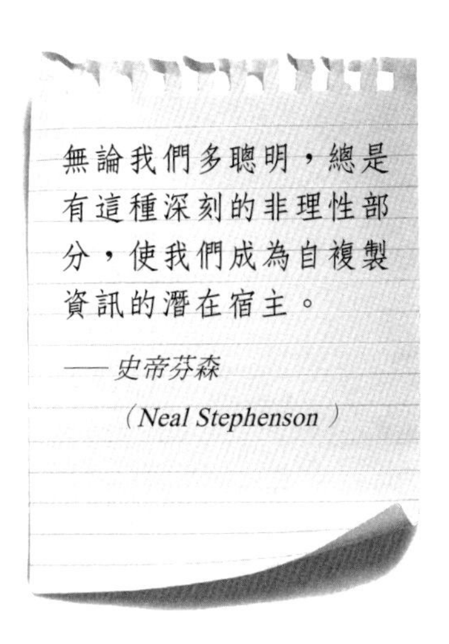

病毒式擴散通常是年輕或規模較小的公司的一種傳播方式，這些公司一旦坐大，將漸漸採用傳統的營銷策略來鞏固自己的地位和優勢。考慮到不滿、謠言和負面宣傳也很容易傳播，病毒式擴散也可能成爲一把雙刃劍。

主流線上化

隨著線上消費越來越普遍化，網路上最成功的病毒式擴散例子益加反映了對主流的關注。社群網路上最受關注的人是演員、音樂家和名人；2011 年 1 月，YouTube 上觀看次數最多的三個影片都是大製作的流行單曲，如小賈斯汀（4.25 億次觀看）、女神卡卡（3.27 億次觀看）和夏奇拉（2.7 億次觀看）。

這與其說是網路次文化的喪失，不如說是網際網路作爲次文化地位的喪失；取而代之的是，幾乎整個文化主流都在迅速線上化，並在此過程中受到網路固有的病毒式結構的影響。公司和個人都非常清楚這一點，這導致了一種矛盾的情況，即企業、廣告商和創意工作者都要求設計師提供源源不絕的散播性高的創意。

用生物學來比喻可能更爲貼切，因爲設計病毒式擴散的藝術，在於識別容易被特定想法吸引並可能傳播它們的「阿爾法使用者」，以及盡量使創意病毒化。

濃縮想法

病毒式傳播是數位文化所默許的

43 虛擬世界

虛擬世界是數位文化能呈現的無限可能中，最純粹的體現之一：人們可以參觀虛擬世界、在其中互動，並用來試驗不同存在方式的自給自足虛幻世界。虛擬世界的想法比電腦的發展還早。然而，在過去的幾十年裡，它們以驚人的速度，從單純的富有想像力的實驗，一躍而成為強大的藝術和實驗領域，並以大型多人線上遊戲的形式，成為 21 世紀所有數位業務中，最賺錢和最具活力的一支。

1974 年，出現了一款名爲 Maze War 的早期影像遊戲，可以讓多個玩家在一個粗糙的 3D 迷宮中相互射擊，這可能是在電腦上創建多人圖像化世界的第一個例子。然而，第一個眞正的虛擬世界是完全基於文字的。它於 1978 年發布，被稱爲多玩家地下城遊戲（見第 36 章）或 MUD。由一系列相互連接的房間和位置的純文字描述所組成，不同電腦終端上的多個使用者可以透過簡單的地理移動指令，相互交談並與世界互動。MUD1 是由英國埃塞克斯大學的程式員特伯蕭（Roy Trubshaw）與同學巴特（Richard Bartle）合作創建的，他在特伯蕭離開大學後繼續開發它。直到今天，某個版本的 MUD1 仍可登入。

MUD 的偉大創新有兩個方面：允許多玩家同時處在相同虛擬空間，還允許他們不僅像聊天室那樣身處其中，而是透過扮演角色參與一個帶有危險的平行世界。從一開始，虛擬世界和遊戲之間的關係就很密切。

到 1980 年代，圖形元素開始出現。最早的網路圖像化虛擬世界之

時間線

1974	1978	1991
第一個 3D 遊戲	第一個多人參與的虛擬世界	《絶冬城之夜》發布

一出現在 1986 年。它被稱為 Air Warrior，可以讓玩家透過稱為通用電子訊息交換網路（簡稱 GEnie）的早期電腦網路系統進行模擬空戰。GEnie 還為一些早期的更複雜共享世界的實驗提供了一個園地，例如 1988 年文字幻想主題遊戲 *GemStone*。1991 年，第一款圖形化的網路遊戲《*絕冬城之夜*》出現在美國線上的網路上。

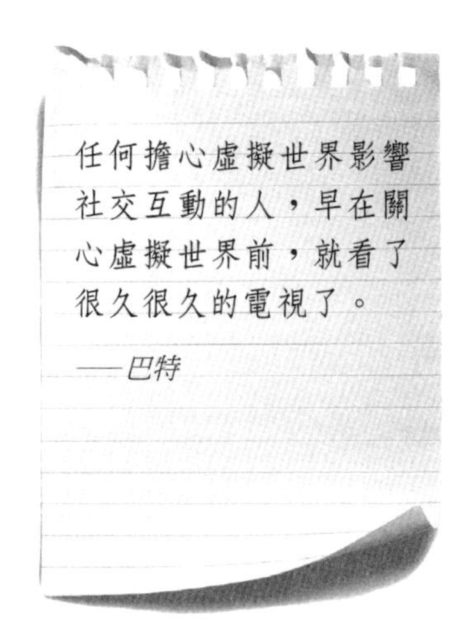

開放世界

隨著網際網路成為世界上主要的電腦網路形式，其他更開放的虛擬世界模式開始隨遊戲一起出現。這些作品的典型代表是 1995 年的 *The Palace*，它允許使用者創建自己的 2D 圖形「宮殿」，他們可以在其中相互交談並製作個人虛擬角色。像 *The Palace* 這樣開放、不受限制的虛擬世界，提供了重要的新型社交空間和體驗。但正是在遊戲中，參與者被鼓勵實現特定目標而被迫地協作，使虛擬世界開始展示其作為建構人類活動的全部潛力。第一款 3D 大型多人線上遊戲（通常簡稱為 MMO）

現實生活中的虛擬課程

從虛擬世界中出現的最有趣的研究領域之一是它們對人類行為研究的潛在影響。從心理學、經濟學到政治學都有，在複雜的 3D 環境中精確測量和比較人類行為的能力是前所未有的。儘管虛擬世界中的人物不是真實的，但他們背後的人是真實的，而且他們通常表現出比在實驗條件下所能實現的更「真實」的行為範圍——而且在更多樣的變因之下。尤其是經濟學，利用許多虛擬世界來模擬易貨、壟斷、拍賣和複雜的玩家協作系統。更直接的是，虛擬培訓環境更頻繁地用於培訓飛行員、士兵、外科醫生、分流工人和火車司機，美國軍方和其他機構每年在模擬程式和工具上花費數十億美元。

1999
《*無盡的任務*》發布

2003
《*第二人生*》發布

2004
《*魔獸世界*》發布

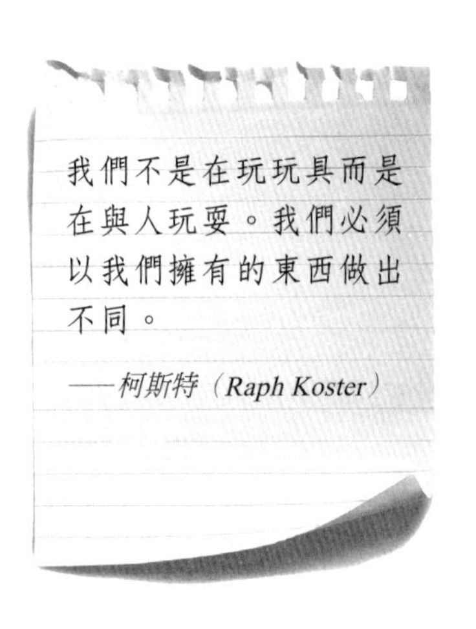

Meridian 59於1996年推出，隨後於1997年，推出了歷史上最具影響力的虛擬世界之一：《*網路創世紀*》。

MMO遊戲

《*網路創世紀*》是第一個擁有超過10萬人口的3D虛擬世界。它的成功為一種新型複雜的線上環境鋪平了道路：這種環境足以導致基於虛擬寶物和財產的製造和以實體貨幣銷售的整個灰色經濟的發展（見第36章）。

自《*網路創世紀*》以來，複雜的MMO遊戲一直是一個蓬勃發展的行業，主要版本從1999年的《*無盡的任務*》（*EverQuest*）到2003年的《*星戰前夜*》（*EVE Online*），也許最著名的是2004年的《*魔獸世界*》，如今擁有超過1,200萬玩家。但更簡單的共享虛擬空間也越來越普遍，風格從駕駛到第一人稱戰鬥、管理和即時戰略。

除了遊戲以外

遊戲之外，虛擬世界的影響力持續增長。2003年，美國Linden Lab公司推出了《*第二人生*》，這是一個線上空間，玩家可以在其中擁

危險遊戲

將注意力轉移到虛擬世界帶來了許多問題，其中一些問題集中在對現實生活的忽視上。有些警世的案例是關於「魔獸寡婦」，她們因丈夫沈迷網路遊戲而離婚，或者在最極端的情況下，一對夫婦的孩子在父母玩網路遊戲時因疏忽而死亡。鑑於現在有數千萬人參與虛擬世界，例外情況總會存在。但研究確實表明，那些容易上癮的人應該謹慎對待一些遊戲世界可以提供的非常引人入勝的體驗，而且遊戲公司也應做更多的事情來促進他們產品的平衡使用。然而，虛擬世界最基本的特性也有希望——它們具有高度的互動性並涉及許多玩家，這與電視廣播等單向媒體不同。因為虛擬世界並不是不可避免的孤立或簡單的「脫離現實」問題。它們也可以成為採取行動和重新參與世界的途徑。

有前所未有的自由度，可以透過他們的虛擬角色來過生活，購買虛擬土地並從各種實體公司購買遊戲內的虛擬寶物。

《*第二人生*》主要是一個社交空間，用於沉迷於建造虛擬的宮殿到工廠的一切奇幻樂趣，但它漸漸成爲從商務會議到藝術合作和教學等各種活動的虛擬場地。專業的虛擬世界也越來越多地針對這些不同的需求而開發，從教育模擬（如 Whyville 成立於 1999 年，現在有超過 500 萬人使用）到商業、醫療或軍事訓練環境。

娛樂仍然是該領域的主導力量，但隨著虛擬環境在從教育到培訓和模擬等領域的應用穩步發展，一些人所稱的「3D 網際網路」似乎將擺脫這些早期的界限，進入越來越多樣化的其他領域。

濃縮想法
虛擬世界有助於構建現實世界

44 虛擬角色

Avatar 一詞源自梵文，描述神以另一種人的形象存在。在技術中，它形容了一個人在數位環境中呈現給他人的樣子——無論是虛擬世界中的角色形式，還是聊天室或線上論壇中的簡單圖標或名稱。這種數位虛擬角色的概念，對於許多線上文化和理解數位領域內的行為至關重要。

基本上有兩種不同類別的頭像。以時間順序來看，首先出現的是靜態頭像，它們只是代表線上領域中的人們，從討論論壇到部落格或某些社群網路。接下來，發展出人們可以在虛擬世界、遊戲或數位環境中控制的眞正數位角色，這些角色又可以擁有虛擬寶物、資產，並且通常可以精細的客製化。

正如詹姆斯 · 卡麥隆 2009 年的電影《*阿凡達*》（*Avatar*），其中人類能夠透過生物技術連接和控制人造外星人所表明，虛擬角色不必總是人類形象。事實上，它們甚至不必是動物或生物。在某種程度上，任何由人類所控制的虛擬對象都可以被認爲是虛擬角色，儘管該詞通常暗示了一定程度的人的形象和特徵。

早期頭像

Avatar 一詞於 1985 年首次應用，在早期的網際網路論壇中，是放置在人們姓名旁邊的簡單圖示。然而，直到史蒂芬森 1992 年的小說《*雪崩*》（*Snow Crash*）之後，這個詞才得到更廣泛的使用。早期論壇中的頭像通常是由高級使用者所發明，而非標準功能組合而成的——有

時間線

1985	1992	1995
首次在數位意義上使用 avatar 一詞	史蒂芬森普及了 avatar 一詞	第一個 3D 聊天頭像

時用增強的數位簽名，或以 ASCII 符號繪製臉或圖案。

頭像所提供的個人化具有普遍的吸引力，到 1990 年代中期，許多論壇都將頭像作為標準功能提供，通常以小方格的形式放置像素化圖片。1994 年，早期的網際網路聊天室 Virtual Places Chat 是最早讓使用者提供 2D 小圖片的頭像服務，第二年，其他服務在聊天服務中提供原始的 3D 頭像。

虛擬角色定型

一旦虛擬角色概念從簡單的 2D 頭像轉變為 3D 的角色，既定的電子遊戲領域與新興的 3D 圖形和線上聊天領域之間，就存在天然的協同作用，體驗比聊天室更身臨其境的體驗。

3D 大型多人遊戲從 1996 年開始往線上開發（見第 43 章），並且大家很快發現，人們在這些遊戲中使用的角色代表了一種新高度的沉浸式線上體驗。隨著遊戲和虛擬世界迅速獲得大量使用者，虛擬角色訂製的複雜程度以及動作的可能性也迅速增加。很多大預算遊戲從網路遊戲

高大黝黑的陌生人

虛擬世界中某人的外觀如何改變他們和其他人的行為方式？也許不出你所料，使用不同類型頭像的實驗發現，當人們使用更具吸引力和更吸引人的頭像時，他們往往會更加自信並願意與他人互動。然而更有趣的是，有研究表明這些影響可以用特定的方式傳播到現實世界，並且在使用有吸引力的虛擬角色在網路上表現得自信之後，人們可能會在短時間內對現實世界更加自信。這實驗所包含的意義尚不明瞭，但它表明，一個人對自己虛擬角色的認同及身分，可能相當於對真正自我的認同——未來，可能需要用不同方式與人們互動，甚至還要用不同方式與各種不同身分的同一個人對話。

2006 任天堂推出 miis

2010 微軟推出 Kinect

中汲取經驗，訂製虛擬角色創作很快成爲其主要內容，角色可以調整從體重和身高到膚色、服裝和配飾的所有內容。

使用者對這些角色的投資程度，可以透過爲他們購買虛擬配件的龐大市場來衡量——這是遊戲的一個主要收入來源，尤其是亞洲的網路遊戲，這些遊戲通常是免費玩的，然後透過小額支付獲得額外的特別特色。越來越多的遊戲和虛擬世界也鼓勵玩家維護自己精心設計的環境，供他們的虛擬角色居住和互動，甚至還有小遊戲供角色們玩。

個人化

在最新一代的遊戲機中，虛擬虛擬角色實現了進一步的飛躍。任天堂的 Wii 遊戲機於 2006 年推出，要求每個使用者創建自己的卡通版本，稱爲「mii」。不是在單個遊戲中使用，而是在爲該系統購買的每個遊戲中使用。

此外，不同玩家的 mii 被一起用於遊戲進行中，每個遊戲機能夠儲存多達 100 個不同的 mii，並透過網際網路將它們與來自其他遊戲機的 mii 結合在一起。微軟於 2008 年在其 Xbox 360 遊戲機中引入了這種跨越整個服務範圍的通用圖形虛擬角色的概念，允許玩家創建用於各種遊戲的自定義角色。

該系統非常成功，以至於微軟在 2009 年推出了一個角色市場，

新介面技術

隨著第一代大規模生產、價格合理的運動追蹤技術的出現——以微軟外接在其 Xbox 360 遊戲機上的 Kinect 的成功爲代表——出現了另一種可能性：直接、即時地將某人的身體和動作映射到虛擬環境。Kinect 透過立體運動追蹤攝影機運行，該攝影機可以追蹤房間內兩個人的動作，並根據關節和骨架的模型建構，使用這些攝影機以高精度控制螢幕上的虛擬角色。Kinect 還透過其攝影機和麥克風吹捧語音和臉部識別功能，這標誌著數位虛擬角色以一種全新的親密感出現在虛擬世界中：某人的身體、面部和語音可以即時轉換爲螢幕上的動作，以及與他人虛擬角色即時互動。

爲其角色買賣衣服和配件，包括帶有主流品牌的虛擬寶物。微軟在這方面並不是獨一無二的，在*第二人生*中，甚至有一個成功的現實世界品牌的虛擬寶物市場。

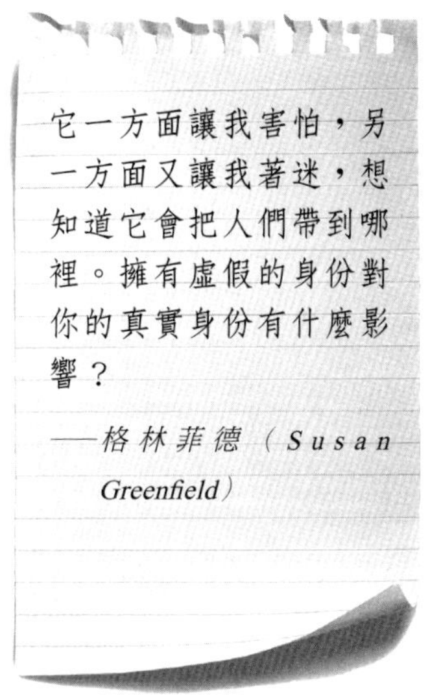

新興技術

新介面技術（見左面方框）和電腦建模的新現實水平的結合，正在迅速定義虛擬角色的未來。例如，英國一家遊戲工作室 Blitz Games Studios 的研究部門展示了下一代虛擬形象技術，該技術根據一系列使用者可以即時修改的滑動比例來構建超逼眞的人頭，以定義任何範圍或性別、膚色、種族、特徵尺寸和風格、體重、年齡、身材、頭髮和配飾的組合。

鑑於現代 3D 建模和動作捕捉已接近電影品質，在電影中虛擬訂製化身與眞實人物幾無差別的未來已不遠了，這已經被越來越栩栩如生的 3D 人物所證明，包括從著名的足球運動員到演員，都可以在大預算的商業影像遊戲中找到。

濃縮想法
數位世界充滿了自我的化身

45 網路中立

網路中立性（net neutrality）的原則斷言，網際網路服務提供商和政府，都不應該對網際網路的使用施加限制：為連線網際網路支付一定金額的客戶，都應該獲得相同等級的服務，並可以自由使用他們選擇的任何設備、網站和服務。

自 2000 年代中期以來，網路中立的話題一直是有關網際網路未來的最激烈爭論來源之一，許多有影響力的人物都主張將網路中立性作爲一項重要原則。對此，批評人士認爲，區分不同類型的網際網路流量，並允許客戶爲快速網際網路付費的能力，是公開競爭和將有限資源最大化的一部分。

自 1860 年代電報誕生以來，通訊網路的中立性一直是辯論和立法的主題，但網際網路的中立性本身是一個相對較新的發展。哥倫比亞法學院教授吳修銘（Tim Wu）於 2003 年 6 月在一篇題爲「網路中立，寬頻歧視」的論文中預測了當前的爭論，該論文研究了電信政策中的網路中立概念，及其與達爾文演化理論的關係。其核心是一個簡單的問題：網際網路服務提供商是否有權向客戶提供高價而更快速的網際網路服務，使其內容比一般服務更快在網路上傳遞？

迄今爲止，這場爭論主要在美國進行，但它提出了全世界需要回答的問題，這將對網際網路和線上營運企業的未來性質產生深遠影響。開放網際網路在原則上普遍認爲是可取的，但透過網路傳輸的流量漸多，以及它對大部分商業活動慢慢以網路爲中心，代表至少對某些人來說，

時間線

2003	2005
第一篇關於寬頻網路中立性的論文	FCC 寬頻政策聲明

流量如何整理？

網際網路服務提供商處理大量數據，以便爲數百萬人提供網際網路存取，這代表他們行業最重要的問題之一是如何使他們的網路成爲盡可能高速和有效率。「整理流量」有多種形式，但從根本上說只歸結爲同一件事：延遲特定的封包，以便隨時控制流量。它可以簡單地根據流量等級保留數據，或者使用更複雜的方法，對不同類型的數據進行分類。在許多企業營運的複雜的網路中，整理流量是一個重要的工具。然而，正如網路中立性爭論所表明的，許多人認爲，服務商在網路服務的基本提供上，區分不同優先級的數據是不可接受的。自然，許多服務提供商自己不同意，並將複雜的流量整理視爲其業務不可或缺的一部分。

試圖保護所有人的存取和服務完全平等是沒有意義的。

網路開放

2005 年，美國聯邦通信委員會（FCC）在其寬頻政策聲明的四項指導方針中，闡述了開放網際網路的基本原則，主張消費者有權透過任何設備，透過任何網際網路提供商，存取他們選擇的任何內容和使用任何應用程式，只要所有這些都是合法的。這四項原則並未明確涵蓋不同網際網路服務之間的歧視原則——這導致 2009 年，美國聯邦通信委員會主席提議在其政策聲明中增加兩項進一步的指導方針，禁止網際網路服務提供商以任何方式，在不同等級之間進行歧視，爲不同的應用程式和內容類型提供網際網路服務，並確保始終向客戶充分披露所有政策細節。

儘管發生了這些變化，但 FCC 發現很難在法律上阻止服務提供商對不同流量的內容限速。在 2010 年的一起法庭案件中，美國公司 Comcast 贏得了法院對 FCC 的裁決，捍衛該公司以「網路管理」的名

2010

Comcast 勝訴 FCC

創新問題

網路中立性辯論的中心點之一是創新——以及網際網路無需先籌集大量投資即可將出色的個人想法帶給大量受衆的能力。正如競選組織 Save The Internet 所說，「網路中立性確保創新者可以從小做起，夢想成爲下一個 eBay 或谷歌，而不會面臨不可逾越的障礙。」他們說，如果允許老牌公司付費以提高他們自己的線上可存取性，或者年輕的公司需要支付高價以保持有競爭力的數位力量，那麼我們所知網路的大部分創新活力都會受到威脅。然而，就許多成熟的網際網路服務提供商和其他公司而言，情況恰恰相反，除非靈活的融資模式允許對網際網路基礎設施進行大量投資，否則由於存取品質的逐漸降低，它將不再是一個創新領域，流量、垃圾網站和過度保護立法將呈壓倒性水平的上升。

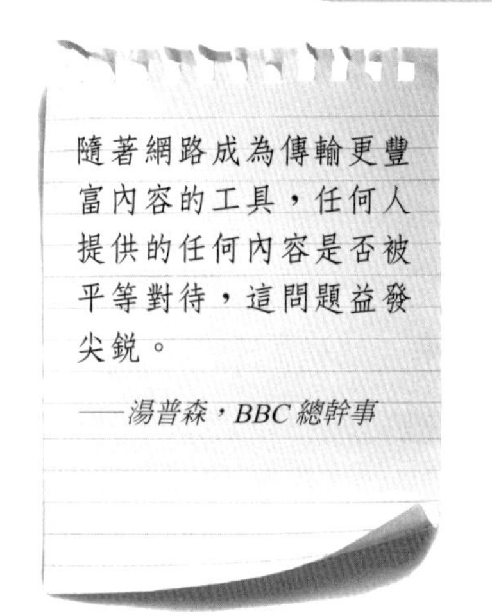

義，對使用者的點對點傳輸進行流量控制的權利，此舉意在限制共享檔案量。

除了證明 FCC 等監管權力的局限性外，2010 年的案例還突出了網路中立性的意涵，其概念的差異：是否應該允許某些傳輸類型的限制，除非購買更高品質的服務方案？還是應該完全根據時間傳輸數據，而使用者的數據請求僅受其發出順序的限制？截至 2011 年初，雖然美國和許多其他國家／地區都有保護開放網際網路某些方面的法律，但幾乎沒有約束性立法阻止服務提供商限制或過濾使用者對不同站點和服務的存取。

支持中立

近年來，有一批有影響力的知名公司和個人公開表示支持這種正式的法律保護，其中包括全球資訊網的創建者柏納茲—李、谷歌、微軟、雅虎和歐巴馬。他們反對的不是各種不同類型的線上數據之間的歧視，而是不同人存取相同類型數據的能力之間的歧視。爭論的焦點是，守門人（網際網路服務提供商）不應該讓來自某地的音樂、影像或產品，比來自另一個地方的完全相同的產品更難存取。但這不包括對不同類型的線上流量進行優先排序的權利：例如，檔案傳輸的優先級應低於語音互動。

在英國，英國廣播公司總幹事湯普森在 2011 年初宣稱，對於 BBC 的公共服務使命至關重要的是，網際網路服務提供商無法向公司收取費用以改善其網站連線。在撰寫本文時，歐盟正在爲網際網路提供商制定新的監管立法，因爲目前的立法似乎不太可能阻止有意圖的公司提供分級服務。

與此同時，許多全球網際網路和有線電視公司等，都直言不諱地批評支持網路中立性的論點，表明分級服務提供的增加的收入機會，對於未來對網際網路的投資很重要，而數位法律和技術的世界迅速發展，任何立法都可能既無效又迅速過時。

濃縮想法
所有網路活動都可以保持平等嗎？

46 語意網

在「全球資訊網之父」柏納茲—李看來，他創作的未來在於一個他稱之為「語意網」（semantic web）的願景。作為一種思考網路訊息「標記」方式的新方法，語意網建議以更多樣化的系統來取代當前網路使用的簡單的互連頁面系統，以形容所有資訊的確切性質和內容。網頁上資訊的「語意」被形容為具有自動定位和整合所有相關資訊的潛力。這系統可能代表了一場與網路的發明一樣偉大的革命。

柏納茲—李在 1999 年出版的《*一千零一網*》（*Weaving the Web*）書中，首次闡述了他對語意網的看法，他說「我對網路有一個夢想，……分爲兩個部分。在第一部分，網路成爲人與人之間協作的更強大的手段。……在夢想的第二部分，能擴展到與電腦協作。電腦能夠分析網路上的所有數據，包括人與電腦之間的內容、連結和交易。使這願景成爲可能的語意網尚未出現，但是當它出現時，貿易、官僚主義和我們日常生活的機制將由電腦與電腦對話來處理，而人類則提供靈感和直覺。」

「語意」這個詞本身代表與意義相關的事物，或者來自不同單詞和符號的意義之間的區別。柏納茲—李的「語意網」並沒有簡明的正式定義，而是基於使用一組線上技術，爲全球資訊網添加了一個多樣化的附加層，將資訊的含意和意義以簡單的方式相互聯繫。其核心思想是，網路應用程式最終將能夠分析人類使用單詞和訊息的上下文，並自動將其連接到包含類似概念和數據的其他上下文，比目前的網路軟體模型更智慧、更強大。

時間線

1999

柏納茲—李概述了語意網

除了 HTML 之外

作爲當前全球資訊網基礎的標記語言 HTML，在語意網中將被更先進的技術組合，如 XML 所取代，在網頁結構中嵌入大量元數據——在原始訊息上加入描述狀態的附加層。這種元數據應該首先採用的結構由柏納茲—李的 W3C 公司於 2002 年提出，提出了一種網路本體語言（Web Ontology Language，簡稱 OWL，有點令人困惑），意在提供給一種可給電腦理解訊息內容的語言，而不僅僅是產出人類可讀內容的應用程式。

OWL 欲解決的基本問題是對數據應用足夠強大和嚴格的分類系統，以允許電腦自動「理解」不同上下文中不同數據的含義。這代表要確定要分類的每條資訊的特定屬性，包括其類別（例如，一匹馬將屬於哺乳動物、動物和四足動物等類別）、與其他對象的關係（例如父親將與其女兒以 hasChild 屬性相關聯）、它在分層結構中的位置（例如描述哺乳動物是動物的子集）等等。

爲此，重要的是有一個資訊的中心來源，而不是在每個頁面上定義

一個不可能的夢想？

儘管有希望，但對於一些批評者來說，語意網的想法存在根本缺陷，這與整個網路所代表的訊息的大小和不精確性有關。數百億頁意味著一個完整的語意系統必須能夠成功地對數以億計的術語進行協調和分類，其中許多術語是多餘的或重複的。除此之外，許多概念和定義都非常「模糊」，以至於在電腦上運行的應用程式可以「理解」的意義上很難確定，尤其是當特定訊息的不同版本之間存在直接矛盾或爭論時。這些問題對於那些試圖構建語意網的人來說是相當明瞭的，但他們相信隨著時間的推移，由於處理機器邏輯中模糊想法、概率和不確定性的技術的不斷發展，有可能克服這些問題。

2002
第一版提出網路本體語言

2008
第二版網路本體語言開發

網際網路 3.0

正如網際網路 2.0 是全球資訊網當前發展的速記，網際網路 3.0 展望了它的下一個重大轉變，其中，語意網被許多人視爲核心。如果實現了語意網這樣的東西，我們可以期待數位和線上文化的哪些相關變化？鑑於一個有效的語意網將需要電腦和應用程式以比目前更接近人類理解的方式「理解」資訊，一些分析師認爲這是實體世界和數位世界之間穩定融合的一部分：這種狀態通常被稱爲「元宇宙」（metaverse），意味著虛擬和眞實體驗的增強融合，超越了我們目前對實體宇宙的概念。其他關鍵主題是個人化服務不斷匯集到更大的網路中，以及基於應用程式對個人個性和偏好的了解程度，遠遠超過目前任何可能的情況，對網際網路進行客製化存取的潛力。

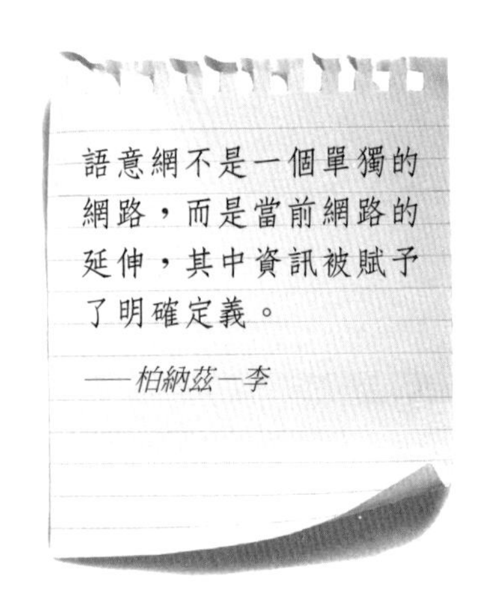

所有內容。因此，人或馬是「哺乳動物」的類別指示符將自動引用一個中心資訊點，該資訊點詳盡地定義了哺乳動物類別。最終，可以使用這種對中心資訊點的引用來定義網頁的每個屬性，例如，即使是決定將一行文本以粗體顯示這樣簡單的事情，也可以引用資訊點中對粗體文字的定義。

今天的語意網

語意網已經在當前網路的水面之下有限的地方運行。例如，對於創用 CC，中央資料庫儲存所有許可的詳細資訊，單一檔案僅包含指向該中央資源點的連結，而無需自己完整地複製詳細訊息。此外，這些連結嵌入頁面的方式包含大量元數據，意在幫助搜尋引擎和其他網路應用程式自動了解特定許可的含義及其使用方式。語意思維在網路之外也有許多數位應用，特別是在資料庫和訊息管理領域，柏納茲－李在領導開放數據運動方面也具有影響力，該運動旨在將公共和語意標記的政府數據資料庫開放，使其能夠被強大的第三方應用程式使用和分析。

在將這些原則廣泛應用於整個網路之前，還有很長的路要走，但對於數位領域的許多人來說，語意網的邏輯非常引人注目，而且它已經可以開始逐步應用於數位資訊，目前已針對從地圖和地理程式到產品規格的所有內容中進行語意編碼。

濃縮想法
教會電腦理解我們

47 擴增實境

數位技術越來越能夠創造出複雜的、身臨其境的虛擬環境，成千上萬甚至數百萬人可以在其中進行互動。但這並不是技術改變人類對「真實」行為和互動意義的體驗的唯一方式。另一個新興領域不是用虛擬體驗取代真實體驗，而是透過將環境敏感訊息、圖像、行動可能性等疊加在世界上，來增強我們對世界的日常體驗。這就是擴增實境（Augmented reality）的領域。

從最基本的意義上講，幾乎所有技術都增強了人們在世界範圍內行動的能力：衣服保護我們；車輛載我們到遠方；文字透過時間和空間來翻譯我們的知識和經驗；電信使我們能夠從很遠的地方看到和聽到其他人。

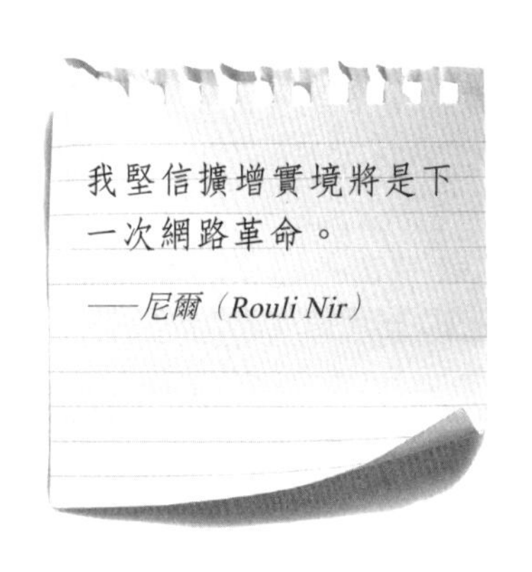

然而，日益強大的數位技術特別提供了一種可能性，即電腦生成的聲音、圖像和反饋可以即時疊加在某人對世界的感知上，並直接響應世界上正在發生的事情。

顧名思義，擴增實境理論上可以增強我們對現實體驗的任何方面：嗅覺、味覺、觸覺、視覺、聲音。然而在實踐中，它傾向於透過聲音、視覺效果和可能的「觸覺」回饋——即作為回饋的身體動作發揮作用。它往往透過行動裝置或透過特別製作裝置來實現。

時間線

1966	1989
第一台頭戴式顯示器	「虛擬世界」一詞被創造

早期一瞥

擴增實境是一個新穎的想法，但我們已經相當習慣於接近它：在螢幕上顯示給我們的真實、即時圖像的增強。例如，在體育賽事直播的電視廣播中，看到圖表或符號被疊加在運動場上以突出賽事的各個情境，是相當普遍的。

同樣，一些體育賽事的廣告，也越來越多地嘗試透過數位方式在體育場內展示不同的廣告內容，這取決於電視觀眾所在的地區。這種技術依賴於即時追蹤廣告的位置，然後生成數位圖像與周圍的真實圖像無縫接軌，代表觀眾在家中看到的可能與他們實際在現場時看到的完全不同。

支援這些過程的技術與那些實際用於增強我們對我們所處事物的體驗的技術密切相關，親自體驗，而不是透過家裡的電視或電腦。事實上，大多數現代擴增實境都依賴於透過行動裝置的螢幕，在移動中複製相同類型的效果——但至關重要的是，它能夠在任何時候考慮到自己的位置和移動速度。

我的虛擬寵物

2009 年，PlayStation 3 和 PlayStation Portable 遊戲 EyePet 的發布，向更廣泛的大眾介紹了擴增實境的潛力。透過相機附件，遊戲讓一隻像猴子的虛擬寵物出現在螢幕裡的真實環境中：將相機指向某處，就可以透過遊戲機看到虛擬動物，顯然是在與人和物體互動。互動過程在兩個方向上進行，虛擬寵物移動以避開現實世界中的障礙物，同時也能夠獲得虛擬物品，並在現實畫面中使用這些對象。該技術並不完美，但它是第一個流行的試驗，展示了擴增實境設備的可能性，以及虛擬圖層疊加在真實世界上的無縫體驗。

1992
創造了「擴增實境」一詞

2003
寶馬（BMW）開始為其汽車製造抬頭顯示器

2009
推出第一個擴增實境瀏覽器 Layar

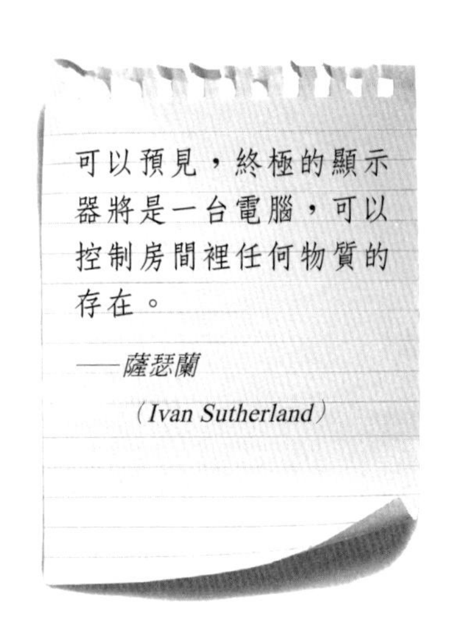

行動的力量

硬體和軟體的結合，如今使擴增實境成爲一種廣泛的可能性：視覺顯示、運動追蹤功能和傳感器、GPS、快速處理器、用於視覺輸入的相機，以及能夠匯集這些的複雜軟體。這些技術在幾年中才變得足夠強大且價格合理，可以被廣泛使用，但現在幾乎所有新智慧型手機都擁有所有這些技術，使它們成爲廣泛使用擴增實境技術的理想平台。

一個結合了許多這些功能的例子是名爲 Layar 的第一個擴增實境瀏覽器的手機應用程式，它要求使用者只需將手機的攝影機對準街道，然後獲取有關餐館、方向、景點和其他歷史或其他訊息的資訊。旅遊資訊自動疊加在螢幕上的圖像上，由 GPS、運動追蹤和視覺辨識軟體引導。

其他界面

行動裝置的螢幕是短期內最廣泛使用的擴增實境可能性，但另外兩種界面也顯示出巨大的潛力。第一個是頭戴式顯示器，通常採用眼鏡或護目鏡的形式，能夠追蹤使用者的動作並將訊息疊加在他們的世界觀中。這提供了比手持螢幕更加身臨其境的體驗，雖然目前更昂貴和笨重，但它已經廣泛應用於軍事裝備等專業車輛的操作。

另一個主要的界面選項使用投影儀來逆轉擴增實境過程：使用者不是透過顯示器看到疊加在現實上的數據，而是將擴增實境投影到現實世界中的對象上。這項技術可以應用於特定地點和一群人，而不是限於個人使用者。

透過擴增實境投影使環境對人們在其中的行爲做出回應，是一種具有構建模擬和眞正身臨其境的多使用者體驗的強大潛力的技術。這種技術在商店和企業內進行廣告和展示的商業潛力是巨大的，這種增強與智慧技術的結合能夠識別個人和他們正在看的地方，調整顯示給每個路過

抬頭顯示器

抬頭顯示器（Head-up displays，簡稱 HUD）最初是一種軍事技術，意在使飛行員能夠在不移開視線的情況下查看儀表讀數，諸如將瞄準和速度訊息，投影到飛機的擋風玻璃上。到 1960 年代，此類技術經常被內置到軍用車輛中，並在 1970 年代擴散到商用車輛。但直到電子遊戲時代，一般大眾才開始看到這種技術，遊戲必然需要在螢幕上顯示關於遊戲世界中虛擬角色的詳細訊息。今天，部分由於遊戲行業推動的創新，構建有效 HUD 的藝術已經變得極其精巧，強大的擴增實境顯示器，將複雜的世界即時訊息，投影在從滑雪、潛水面罩到擋風玻璃上，並正在實驗投射到隱形眼鏡，直接投射到人眼視網膜中的潛力技術。

的觀衆的擴增素材。

同時，在科學研究、建築和其他許多方面，團隊在眞實空間中探索項目的 3D 投影的機會提供了一種誘人的新分析工具——具有類似的潛力來改變娛樂和公共表演的可能性要實現電影《*星際迷航*》（*Star Trek*）的全息甲板還有一段路要走，但至少它不再完全是科幻小說的場景。

濃縮想法
在實體世界上疊上數位實境

48 融合

當幾種不同技術的功能重疊時，融合就會發生。它形容了隨著越來越多日常的社會、商業、文化和政府施政在數位空間中發生，技術和網路之間日益密集的相互聯繫的過程。

融合往往發生在技術中，消費者可以透過單一設備或應用程式獲得多種功能。現代手機就是一個很好的例子，因爲它們不僅具有電話功能，而且還具有攜帶式電腦、媒體播放器、瀏覽器、指南針和 GPS、遊戲機、相機和錄影機，還有很多其他的功能集合。同樣的，現代遊戲機也不再只是簡單的玩遊戲的機器，而是匯集了電腦和家用媒體播放器的許多功能。

早在數位時代之前，融合就一直是數位技術的一個特徵，再加上分歧的平衡趨勢，隨著時間的推移，一些設備往往變得更加專業化。例如，在汽車發明的早期，可供購買的不同類型的車輛很少，而現在有數千種車型可選擇，滿足專家的需求和品味。

然而，數位技術是一個獨特的例子，因爲透過網際網路分享的大衆互動媒體的存在，推動了一種參與式文化，在這種文化中，消費者越來越希望能夠在相同的設備上消費所有不同類型的媒體。此外，對於大衆使用於商業、娛樂和參與公民生活的幾乎所有面向，集中在同一個線上空間中進行變得越來越重要。

群體的價值

數位媒體融合的更大推力之一是社群創造價值的能力。例如，由社

時間線

1994
第一部線上電視劇播出

1997
第一部照相手機出現

交網站 Facebook 的成員所代表的社群擁有超過 6 億的成員，而且還在不斷增長中，這對於那些希望與 Facebook 服務整合的第三方軟體開發者來說是一個巨大的動力。

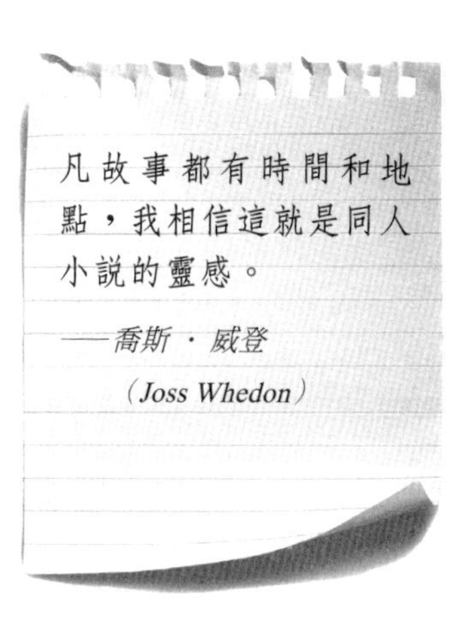

同樣的，對於大多數設計新軟體或硬體的開發者來說，確保與主流數位社群兼容的推力是相當大的。人們希望能夠在任何智慧型手機、平板電腦或電腦上使用 Facebook 和推特，正如他們越來越希望不限於單一格式的媒體購買：可以買實體書，也可以在 Kindle 上透過 iBooks 和其他數位格式購買電子書；電視連續劇可以透過 DVD 或藍光購買，也可以從 iTunes 下載，或從訂閱媒體服務線上串流傳輸，及從電視直播中錄製，然後儲存在硬碟上。

這種影響可以在服務和實體產品中看到。有線電視提供商等公司，最初只是提供電視頻道，而今天他們可能會提供從寬頻和電話線租賃服

跨媒體故事

跨媒體講故事，意味著使用許多不同的媒體來講述一個特定的故事，或創造一個特定的體驗。但它也代表了超越過去僅是簡單並行呈現不同媒體的多媒體概念的一步。相反的，它試圖創造一種身臨其境的體驗，在這種體驗中，觀眾是積極的參與者，而不是被動的旁觀者，從嵌入不同媒體的元素中拼湊出平行或替代世界的故事。電視節目《*LOST 檔案*》*使*用跨媒體技術圍繞節目創造了一個多樣化的虛構世界，包括虛構組織的網站、一部歸功於該節目角色的已出版小說、該節目中限量發行的巧克力棒品牌，以及虛構角色在 Comic-Con 大會上的現場亮相。這種技術可以被視爲融合文化的一部分，其中不僅媒體，而且觀眾和創作者的界線越來越模糊。

2005
線上創立*星際大戰*百科全書：Wookieepedia

2006
The Lost Experience 推出

2008
BBC iPlayer 可在遊戲機上使用

同人小說的力量

從《*星際大戰*》到《*魔法奇兵*》，最流行的現代媒體前所未有地涉及到了同人社群。數位技術意味著對電影、書籍、電視節目和虛構人物的回饋創作，幾乎是任何足夠敬業的觀眾都可以實現的。他們有一系列選擇，從創作原創材料到重新混合現有內容。然後，也有索引和註釋虛構作品和宇宙的力量，圍繞原始作品集體線上「傳說」，像《*星際大戰*》有數百萬字內容，包括每部電影和官方的抄本和逐幀分析電影。這種文化越來越脫離原創作品而存在，而是作爲與原始作品的合作延伸，爲想像世界的新延伸創造和測試想法，而許多當前的小說創作，從一開始就被視爲充分運用其中的核心世界

務到手機訂閱等廣泛的服務套餐，以試圖贏得客戶。同樣的，現在人們普遍期望像 BBC 這樣的廣播公司提供各種格式的內容，諸如廣播、電視、點播、直播或部落格等。

以超市起家的公司則更進一步，提供限定範圍內，從銀行和保險，到旅行和電話合約等一切服務。還提供數位和實體的一站式購物體驗。

融合問題

隨著硬體、軟體和服務提供商承擔更廣泛的業務，融合可能導致品質下降。例如，用智慧型手機替換專用數位相機，可能降低照片品質。它還可能導致消費者區分不同商品和服務的能力下降。

第二個更大的問題是製造商使用融合來產生對連續幾代新產品的需求，這些新產品可能提供新功能，但與舊的、更專業的技術相比，在效能方面幾乎沒有實際提升。這種對快速更換週期的壓力可能會產生一種冗餘的錯誤印象，以促進進一步的銷售——透過向新產品添加實際上並沒有改善使用者體驗的功能，使技術顯得過時。

然而，也有一些力量在抵制這一點。許多主流媒體和大規模生產技術的融合，主導著現代數位市場的大部

分，並且透過規模經濟和市場便利性的結合，已經迫使許多中型企業破產。然而，在專業領域，對小眾產品和精品專業人士的需求仍然比以往任何時候都強烈，他們可以透過生產針對特定任務和個人消費者量身定制的產品來抵制融合。

此外，粉絲和消費文化日益參與的性質，意味著現代製造商往往難以與糟糕的服務或產品保持距離，用於比較、審查和討論的數位機構將大量訊息交到消費者手中。從這個意義上說，融合最成功的用途不僅包括將商品和服務簡單地結合起來，還包括將使用者的回饋與創造本身融合起來。

在新媒體中，創作者、製作人、評論家、消費者、專業人士和業餘愛好者之間的界限越來越模糊，這使得新的相互關係動態化，並且在不同時刻扮演特定角色，而不是以永久的角色來定義其定位。

濃縮想法
舊的壁壘正在迅速瓦解

49 物聯網

目前，網際網路由電腦和計算裝置之間的連線組成。然而物聯網的想法是，如果智慧聯網電腦晶片被納入越來越多的電器和場所——從電氣系統到家電、街道、建築物，甚至衣服上，可能會發生什麼？物聯網將帶來有關生活各個領域的精確、相互關聯的知識的可能性，以及用於理解和微調我們對資源的使用的強大工具。

物聯網（internet of things, IoT）一詞最初是在 1999 年左右首次提出的，但直到最近才成為一種具體的可能性。強大電腦晶片和網路的成本下降，以及利用感測器收集特定資訊並傳送至網路的新概念興起。今天，技術的組合已經可以允許在有限的範圍內擴展此類商業想法。這些技術包括可以透過無線網路信號在短距離內讀取的電子標籤、設備之間的短距離無線網路通訊、大結構內的感測器網路，以及可以使用無線網路標籤確定空間內物體位置的即時定位技術。

無線網路標籤是該領域最近一項特別重要的發展。在過去的幾年裡，射頻辨識（radio-frequency identification, RFID）取得了長足的進步，導致出現了價格合理且極其可靠的晶片，這些晶片可以簡單地粘在日常物品上，以便單獨識別它們，就像透過 IP 位址識別單一電腦一樣，並追蹤他們的動作。這種標籤目前最大的應用是在船運集裝箱上，現在可以透過貼在它們上面的標籤識別和跟蹤數以百萬計的集裝箱。

旅行和城市

物聯網技術最明顯的應用之一是在交通領域。有關公共車輛相對位

時間線

1997
香港地鐵推出無線網路智慧卡

1999
創造了「物聯網」一詞

遠端控制

一旦家庭或企業配備了足夠數量的感測器——即時監控從溫度到照明亮度的一切——創建一個高度精確的虛擬模型成為可能。已經在開發中的技術現在正在試驗使用這些虛擬模型，使人們能夠遠端監控和控制家庭、辦公室甚至公共場所的條件。這可能在未來監控和調整幾乎所有家庭或辦公室設備的狀態變得簡單，只需從世界任何地方存取建築物的線上模型，並即時查看其中的系統轉換結果，以及為任何偏離預先設定的參數設置通知。

置的詳細即時訊息，可從公共交通的時間表和管理單一車輛（從公共汽車到自行車）中提供本地相關訊息的所有方面，產生深遠的影響。

與當前的網際網路一樣，隨著更多對象相互連線，此類網路的力量可能呈指數級增長。標記城市中的建築物和設施，以能向空間中的所有人識別自己及其位置，這提供了智慧城市網路共享，從商業設施的資訊和開放時間，比價和供應的所有商業服務、免費停車位、公共交通工具的座位和特定商店庫存的商品。

在遠離城市的地方，這些技術在工業和商業活動中同樣具有潛力。例如，農民已經廣泛使用 GPS 系統來有效地耕作、維護和收割土地。配備了下一代精密感測器，這個過程可以變得更加準確，並且能夠對某個位置的確切地理位置做出回應。

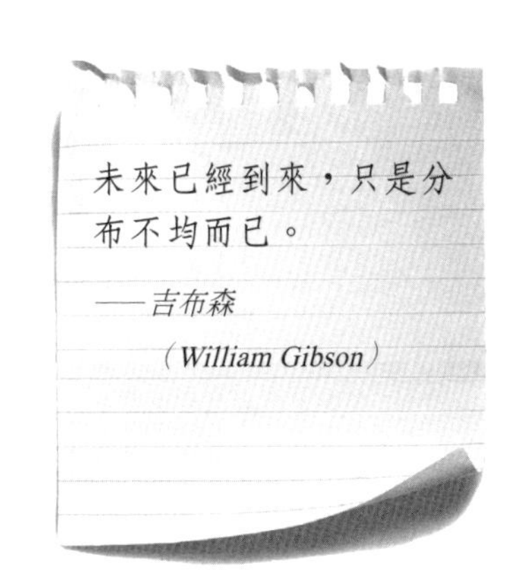

改變行為

將智慧網路帶入越來越多的日常物品和活動的另一個強大的可能性，是根據關於他們正在做的事情的即時影響，和與其他人行為的比較，來幫助人們改變他們的

2001
一些荷蘭圖書館開始使用無線網路標籤

2005
拉斯維加斯賭場開始裝設無線網路標籤晶片

2010
RFID 晶片製造量大幅增加

個人化

許多人對將「智慧」技術引入越來越多物品的一個方面持矛盾態度，如從識別使用者，並執行特定功能的個人化回應的潛力。這包括顯示個人化廣告和優惠的廣告和店面，以及自動顯示與興趣或歷史相關資訊配合的博物館和圖書館。對某些人來說，這種個人化是受歡迎的，因為它是適應都市生活的人們，在做法上變得眞正智慧的標誌；但對一些人來說，追蹤和識別技術代表匿名性的喪失和對自由的潛在侵犯，是需要抵制或應審愼思考的。

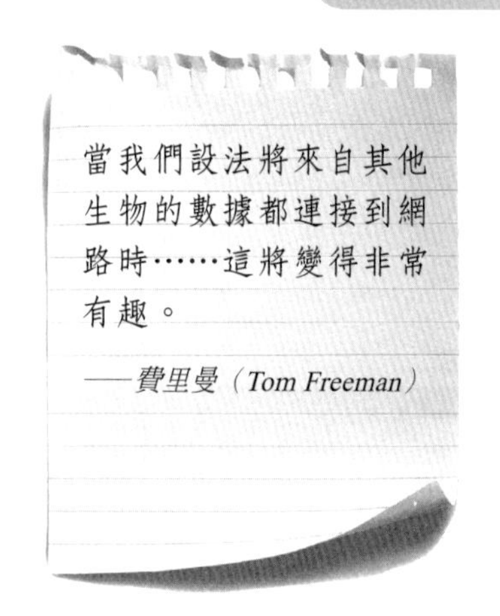

行為。

例如，在能源消耗等領域，即時顯示家庭或企業的電力消耗，例如當關閉了一個電燈或換了更省電的燈泡，用電的數據就即時下降，往往會讓人們更加了解並更願意微調自己的用電習慣。

家庭中物品之間的智慧聯網，以及比較不同家庭的訊息，可以讓人們和智慧網路本身相互學習節能的有效策略和設備。同樣的，在區域級的層面上，智慧電網可以即時響應需求，大大提高效率並降低停電的風險。

自動化

物聯網的變革潛力，與使得網際網路如此強大的因素非常相似，即收集和分析大量數據。然而，未來可能與現在不同的是，這一分析過程的自動化程度越來越高，幾乎不需要人工介入的複雜系統，就能進行快速分析和回應。

例如，房屋內的電力和供暖系統可能會根據每個房間的人數自動進行調整。一個更激進的發展將是工業和商業日常的許多方面的自動化，智慧晶片車輛、物體和建築物「知道」它們彼此之間的關係、它們的狀態以及最有效的操作順序。

正如網際網路的發展所表明，網路的力量隨著其規模呈指數級增長，互聯的設備最終可能遠遠超出簡單的自動化，轉向對整個國家經濟和系統的功能進行模擬的新方法的貿易。這種互聯目前似乎遙不可及，但有了足夠嚴格和可延伸的協定，以及足夠經濟和可靠的技術，大部分基礎設施甚至可以在幾年而不是幾十年內就位。

濃縮想法
讓世界的每一角落都數位化

50 分心

數位媒體的氾濫和多樣性對我們的思想有什麼影響？隨著我們花越來越多時間以某種形式使用媒體——尤其是數位和線上媒體，它們具有傳遞快速且不斷變化的資訊——人們益加關注這對思想的長期影響。數位文化是否意味著讓使用者不可避免地分散注意力：注意力的持續時間縮短，無法遵循單一的持續思想？這裡沒有明確的答案，但延伸出許多重要的問題。

在過去的幾十年裡，發達國家人們消費的媒體數量逐步增加。美國的年輕人是一個接近數位文化前沿的群體，自 1999 年以來，一個名爲凱澤家庭基金會（Kaiser Family Foundation）的組織，定期報告 8 至 18 歲美國人的媒體使用模式。以每日媒體使用總量爲據估計，在 1999 年全年，這一群體每天花費 6 小時 19 分鐘的可觀時間在網路上。2010 年初發布的最新報告中，研究者反應此數字令人驚訝的增加：平均每天使用媒體多達 7 小時 38 分鐘，一旦考慮到同時處理多任務的情形，更增加到 10 小時 45 分鐘。

這一增長在很大程度上歸因於行動裝置和線上媒體的爆炸式增長，大約 20% 的媒體消費是透過行動裝置發生的，這個數字肯定會增加。對整個社會來說，這現象意味著什麼極難確定，但許多思想家和批評家對其正面和負面影響進行了推測。

變笨？

《網路讓我們變笨？》（*The Shallows*）一書爲美國作家卡爾

時間線

2001 創造了「數位原住民」（digital native）一詞

2004 「生活駭客」一詞被創造

（Nicholas Carr）於 2010 年出版，他認爲舊的單線式思維方式，正在被互動式數位媒體，特別是網路的使用徹底改變，導致一種新的需求，並且需要在極短、不連貫跟經常重疊的突發狀況中，接收和分享訊息——越快越好。

這一論點體現了從教育到神經科學等其他領域的許多擔憂，表明數位媒體可能會鼓勵淺薄而短暫的思維及參與模式，而不是深度而富有同理心的。如英國科學家格林菲德（Susan Greenfield）曾表示擔心，隨著時間的推移，網路瀏覽等活動獎勵大腦的方式可能會弱化情緒發展，以及專注於尋求短期獎勵的幼稚心態。

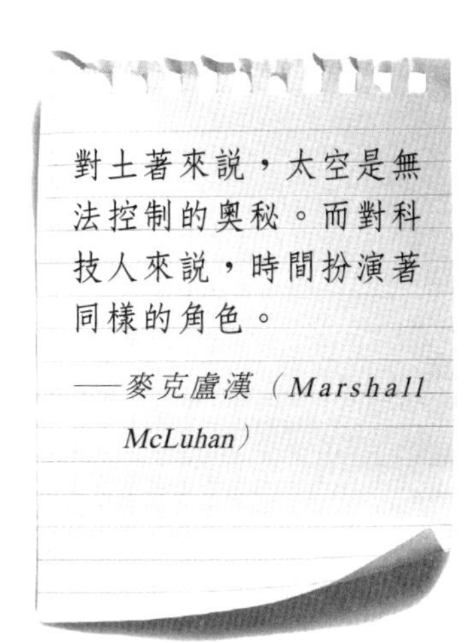

決定論

表達對分心的擔憂的許多論點都奠基在技術決定論，代表著這些論點都假設技術有能力決定一個社會的文化、社會甚至智力價值。相比之下，有些人認爲將數位互動描述爲膚淺和分心，通常是一種誤解，應該

番茄工作法

番茄工作法（The pomodoro technique）創立於 1980 年代，是時間管理方法的一個流行示範，已被證明在如軟體開發行業中，解決分心問題的流行解藥。該技術以義大利語番茄一詞命名，也是一種流行的番茄形定時器的名稱。先決定要執行的單一任務，將計時器設置爲 25 分鐘，然後在這段時間內專注工作，休息 5 分鐘後再重複循環 3 次。鑑於數位媒體可能會分散注意力，學習這種時間管理和注意力的方法正成爲 21 世紀的重要學科，有時被程式設計師稱爲生活駭客（life hacking）的技能，對他們來說，資訊過量是一個長期存在的問題。

2008 首次使用專注峰值的想法

2010 《網路讓我們變笨？》一書出版

同時考慮到與日益複雜的系統互動的方面。

美國科學作家強森（Steven Johnson）在 2005 年的*《開機：電視、電腦、電玩佔據生命，怎麼辦》*：（*Everything Bad is Good for You*）一書中提出了這一論點。它認爲「流行文化實際上讓我們變得更聰明」—— 正如副標題所說。當代大衆文化的大部分，從影像遊戲、搜尋引擎和電視劇，都比前數位時代的大衆文化更加複雜，它需要觀衆更多的注意力和參與度。強森的論點呼應了那些認爲數位媒體日益普遍和重疊的使用並不是結構化思維的終結，而是一套日益複雜的新系統思維和多任務處理技能。使用者習慣於多支線敘述，從不同的線索中弄清系統的動態，並以非單線的方式互動，這更類似於實驗和學習的科學過程，而不是涉及降低注意力的被動過程。

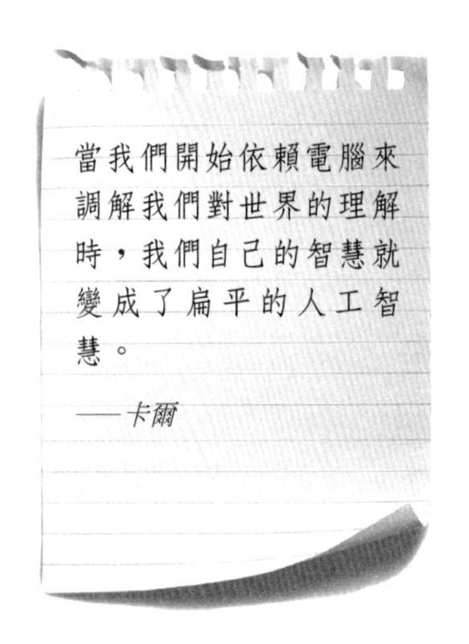

跨平台

數位媒體習慣的一個顯著特徵是人們跨平台的使用，即不依賴於任何特定設備或媒體平台來存取一些內容。例如，電視節目和電影不僅可以在電視螢幕上觀看，還可以在手機、遊戲機、桌上型電腦、筆記本電腦以及在任何方便的設備上觀看。

除此之外，這代表各類媒體的競爭趨於激烈，以獲取數位形式的注意力：使用者可能用瀏覽網頁、觀看 DVD、發送和接收電子郵件、使用社交網站和從事辦公項目的裝置看電子書。從這個意義上說，分心相當容易理解，媒體提供者的壓力亦然，必須試圖立即吸引使用者的注意力，而不是將注意力專注集中。

遠離網路

隨著網際網路的普及，從有線裝置跨越到無線網路和行動裝置，「上網中」正在成為大部分人的常態，把更多的生活花費在某種線上狀態中。對此，許多組織和個人開始專注於建立「遠離網路」的工作時間：例如，早上禁止使用電子郵件，或者在會議活動中禁止使用行動裝置或社交媒體（如禁用推特和 Facebook），以確保充分專注在當下。隨著數位文化的不斷發展，選擇性斷網的藝術很可能也會如此，因為通訊的便利性和多任務處理比以往任何時候都更加重視實況、個人動態和離網時發生的未記錄事件。

專注峰值

考慮到許多人平均每天使用媒體的絕對時間限制，很明顯的，商業營運的限制因素不再是費用或獲取內容的難度，而是時間本身。「專注峰值」理論將這一點推向了更廣大的層面，對於凱澤家庭基金會中描述的普通美國青少年來說，現在幾乎沒有空閒時間來使用其他媒體了，注意力用量正在接近一個高峰點，超過這個點就沒有更多的注意力可以分出了。

濃縮想法
是谷歌讓我們變笨嗎？

詞彙

AJAX **非同步 JavaScript 和 XML 技術**　一組用於開發多樣化的互動式網路內容的技術。

Botnet **殭屍網路**　由駭客所操控的殭屍電腦所組成的網路。

browser **網路瀏覽器**　一種可使用全球資訊網的軟體。

Client **客戶端**　從中央電腦伺服器端接收資料的電腦或軟體。

cookies **網路瀏覽器儲存在電腦上的小塊數據，以允許網站執行某些功能。**

DoS **服務阻斷**　駭客針對網站的一種暴力攻擊，利用超仔的請求量，從而阻止網站工作。

Domain **域**　網際網路的分類，以區別個人、公司或組織。

DNS **域名系統**　將網路位址從熟悉的文字形式轉換為網際網路協定位址的基本系統。

Ethernet **乙太網路**　本地網路最常用的連接標準。

Firewall **防火牆**　保護電腦免受駭客攻擊的一種方式。

FTP **檔案傳輸協定**　透過網路下載檔案的最基本方式之一。

HTML **超文本標記語言**　全球資訊網使用的基礎語言，指示瀏覽器如何顯示網頁。

HTTP **超文本傳輸協定**　關於伺服器和瀏覽器如何相互通訊的基本協定。

Hyperlink **超連結**　以滑鼠點擊將使用者帶到不同網站的連結。

Hypertext **超文本**　網路上包含超連結的文本。

ISP **網際網路服務提供商**　向大眾提供付費上網的公司。

Internet Protocol **網際網路協定**　網路上為不同資源分配唯一位址的協定，最新版本是第六版。

IP address **IP 位址**　由四個數字所組成，用於定義不同資源的唯一位址。

Java **一種程式語言，可以創建在網路上運行的程式。**

JavaScript　與 JAVA 無關，可以輕鬆在網站內建立互動功能。

name server **域名伺服器**　把網路位址的文字轉換成 IP 位址的伺服器。

packet **封包**　將資訊分解成小數據，以便在網際傳輸。

peer-to-peer **點對點**　兩台電腦間直接連線，而不是透過中央伺服器。

plug-in **外掛程式**　將特定功能的小程式插入瀏覽器中以允許瀏覽器執行附加功能，如撥放音樂或玩小遊戲。

RSS **簡易資訊匯合**　是一種匯合技術，每次部落格或網站上出現新內容時，可讓使用者輕鬆接收更新。

search engine **搜尋引擎**　讓使用者搜尋網路內容所引的網站。

Server **伺服器**　執行網站託管等任務的中央電腦，由遠端客戶所存取。

SSL **安全通訊協定**　對發送至網際網路的訊息進行加密，使其不容易被駭客窺探。

TCP/IP **傳輸控制協定／網際網路協定**　目前通行的網際網路基礎核心協定的組合。

XML **可擴展標記語言**　一種 HTML 的擴展，使網站可以更輕鬆地在跨版本、跨硬體之下顯示內容。

50 Digital Ideas You Really Need to Know
The title is first published in English by Quercus Editions Limited

Design by Patrick Nugent
This edition arranged with Quercus Editions Limited through The Grayhawk Agency

RE55

50則非知不可的數位科技概念

作　　者　湯姆・查特菲德（Tom Chatfield）
譯　　者　荷莉
發 行 人　楊榮川
總 經 理　楊士清
總 編 輯　楊秀麗
主　　編　高至廷
責任編輯　張維文
封面設計　王麗娟
出 版 者　五南圖書出版股份有限公司
地　　址　106台北市大安區和平東路二段339號4樓
電　　話　(02)2705-5066
傳　　真　(02)2706-6100
劃撥帳號　01068953
戶　　名　五南圖書出版股份有限公司
網　　址　https://www.wunan.com.tw
電子郵件　wunan@wunan.com.tw
法律顧問　林勝安律師事務所　林勝安律師
出版日期　2022年1月初版一刷
定　　價　新臺幣330元

國家圖書館出版品預行編目資料

50則非知不可的數位科技概念 / 湯姆・查特菲德(Tom Chatfield)著；荷莉譯. -- 初版. -- 臺北市：五南圖書出版股份有限公司, 2022.01
面；　公分
ISBN 978-626-317-464-1（平裝）

1.全球資訊網　2.網際網路　3.數位科技

312.1695　　110021092